新米IT担当者のための
ネットワーク構築&管理がしっかりわかる本

The Complete Guidebook for Network

技術評論社

■注意事項

●本書に記載された内容は、情報の提供のみを目的としております。したがって、本書を用いた運用は、必ずお客様自身の責任と判断によって行ってください。これらの情報の運用の結果について、技術評論社および著者はいかなる責任も負いません。

●本書記載の情報は、特に断りのない限り、2011年8月末日のものを掲載しています。本文中で解説しているネットワークの技術的な内容や製品、ソフトウェア、Webサイト、システム設定などの情報は、予告なく変更される場合があり、本書での説明とは画面図などがご利用時には変更されている可能性があります。なお本書では、以下のOSおよびブラウザ上で画面撮影を行っています。あらかじめご承知おきください。
　―Windows 7
　―Internet Explorer 9

●以上の注意事項をご承諾いただいた上で、本書をご利用願います。これらの注意事項をお読みいただかずに、お問い合わせいただいても、技術評論社および著者は対処できません。あらかじめご承知おきください。

●本文中に記載されているブランド名や製品名は、すべて関係各社の商標または登録商標です。なお、本文中に®マーク、©マーク、™マークは明記しておりません。

はじめに

　中小企業でも、すべてのコンピュータや情報端末がネットワークにつながる今日、ネットワークの構築、運営、管理担当者の役割はますます重要になっています。

　しかし、インターネットを含めたネットワークを効率よく運用していくためには、ある程度、情報に対する「リテラシー」が求められます。ここで言うリテラシーとは、個人として、コンピュータ、情報端末、ソフトウェアなどの使い方に精通し、情報を効率的に収集して、ビジネスに役立てることができる能力はもちろんですが、他者に対して、機器の使い方や収集した情報の活用方法、セキュリティの必要性などを適切に伝達、教育していく能力、言い換えると「他者のリテラシーを高める能力」も含んでいます。

　現実には、ネットワーク利用者の能力を向上させていくには時間がかかりますから、十分な能力を持たない利用者のもと、ネットワークを最大限に効率的に活用していくことが重要になります。手早い手段は、外部の専門家を活用することですが、多くの中小企業は予算がかけられず、他の仕事を兼務するネットワーク管理者が、「本当にこのやり方でいいのか」と疑問に思いつつ、管理しているのが現状です。

　本書は、新たに中小企業でネットワーク管理を任されることになった方に向けた、入門書として執筆しました。ネットワークインフラの構築手順を詳しく説明するような従来の解説本と比べて、ネットワーク構築の前に行うべきこと、ネットワーク利用者への教育方法、運用後のトラブルを未然に防ぐ方法、予算に合わせて外部の専門業者を活用していく方法など、より実践的な部分に力を入れたつもりです。とくに、本来の業務を抱える中小企業のネットワーク担当者が、「日曜大工でこなせるのか、本職に頼んだほうがいいのか」を判断する一助になれば、幸いです。

2011年8月
程田和義

Contents

はじめに ………………………………………………………… 3

第1章　パソコンや周辺機器をつなぐ仕組み……………… 9

01	「ネットワーク」とはどういうもの？ …………………………………	10
02	ネットワークを構築すると何が実現できるの？ ………………………	14
03	パソコンや周辺機器をつなぐ約束事 ……………………………………	18
04	さまざまなスタイルのネットワーク ……………………………………	20
05	有線LANの仕組みと必要なもの ………………………………………	26
06	無線LANの仕組みと必要なもの ………………………………………	32
07	ネットワークの利便性を高める周辺機器 ………………………………	38
08	離れた場所のLAN同士を接続するには ………………………………	42
09	インターネットとはどうつながっているの？ …………………………	46
10	インターネット接続にはどんな手段があるの？ ………………………	52
11	メールの送受信はどうやって行われるの？ ……………………………	56
	コラム　次世代インターネットの現状 …………………………………	60

第2章　ネットワークを構築するために必要なこと … 61

- 12　ネットワークの構築に必要なことは？ … 62
- 13　ネットワークの利用目的を整理する … 64
- 14　利用目的に合ったネットワークを考える … 66
- 15　ネットワークに必要な機器を選ぶ … 68
- 16　利用目的に合わせたPCの使い分けを考える … 74
- 17　ネットワーク構築の計画を立てる … 78
- 18　ネットワークを構築する際の注意点 … 84
- 　　コラム　IPv6最新事情 … 88

第3章　小さな会社に適したネットワークのモデル … 89

- 19　代表的なネットワークのモデル … 90
- 20　5台程度の有線LAN … 96
- 21　5台程度の無線LAN … 102
- 22　10台程度のクライアント／サーバ型LAN … 106
- 23　50台程度の中規模LAN … 112
- 24　オフィス間でリモート接続を行う場合のネットワークモデル … 120
- 25　ネットワークを拡大するときの注意点 … 124
- 　　コラム　スマートフォンとタブレット … 128

Contents

第4章　業務を効率化するデータ共有の仕組み …………… 129

- 26　データとリソースの共有でコラボレーションを活性化 ………………… 130
- 27　Windows 7でデータを共有する ………………………………………… 134
- 28　WindowsとMac OS Xでデータを共有する …………………………… 140
- 29　グループウェアで効率よく情報を共有する …………………………… 144
- 30　スプーラの活用でプリンタを便利に使う ……………………………… 148
- 31　オンラインストレージを活用する ……………………………………… 152
- 32　インターネットを業務で有効に活用する ……………………………… 156
- 33　Webサイトで企業のイメージアップを図る …………………………… 160
- 　　コラム　クラウドサービスを安全に利用するには …………………… 166

第5章　ウイルスや情報漏えいをガードするセキュリティ対策 …… 167

- 34　企業活動を脅かすネットワークへの攻撃 ……………………………… 168
- 35　情報セキュリティポリシーをPDCAサイクルで運用する …………… 172
- 36　アカウントの管理とインターネットの利用制限 ……………………… 176
- 37　セキュリティと業務効率の向上に役立つツール ……………………… 180
- 　　コラム　セキュリティサービスの活用 ………………………………… 184

第6章　ネットワークの管理とメンテナンスのポイント … 185
- 38　快適なネットワーク環境を維持するために ……………………………………… 186
- 39　重要なデータを保護する ……………………………………………………………… 190
- 40　ネットワークを高速化する …………………………………………………………… 194
- 41　停電などでネットワークを中断させないようにする ………………………… 198
-     コラム　Webブラウザと電子メールソフト ……………………………………… 200

第7章　よくあるネットワークトラブルへの対処法 ………… 201
- 42　ネットワークトラブルの原因を整理する ………………………………………… 202
- 43　ネットワークにつながらなくなったら …………………………………………… 204
- 44　ネットワークが遅くなったら ………………………………………………………… 210
- 45　電子メールやインターネットがつながらなくなったら …………………… 212
- 46　Windowsで使える便利なツール …………………………………………………… 218

　　　索引 ……………………………………………………………………………………………… 222

第1章
パソコンや周辺機器をつなぐ仕組み

01	「ネットワーク」とはどういうもの？
02	ネットワークを構築すると何が実現できるの？
03	パソコンや周辺機器をつなぐ約束事
04	さまざまなスタイルのネットワーク
05	有線LANの仕組みと必要なもの
06	無線LANの仕組みと必要なもの
07	ネットワークの利便性を高める周辺機器
08	離れた場所のLAN同士を接続するには
09	インターネットとはどうつながっているの？
10	インターネット接続にはどんな手段があるの？
11	メールの送受信はどうやって行われるの？

「ネットワーク」とはどういうもの？

ネットワークの仕組み

ネットワークの構築・管理を担当するにあたり、最低限知っておきたい基礎知識として、ネットワークの概念と種類、その構成要素である伝送媒体、プロトコルについて解説します。

データをやり取りする仕組み

ネットワークとは、さまざまな伝送媒体を使ってコンピュータやプリンタなどの機器を接続し、機器同士で通信を行うための共通の規則（プロトコル※）を定めて、データをやり取りできるようにする仕組みをいいます。

ネットワークを構築すると、次のようなことが行えます。
・他のコンピュータに接続されたプリンタで文書を印刷する
・他のコンピュータに保存されているデータを取り込む
・他のコンピュータと情報をやり取りする

図1　ネットワークで実現できること

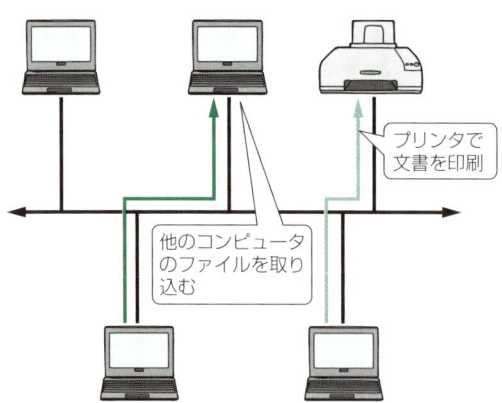

ネットワークを構築すると、自分のコンピュータにないリソース（機器やデータ）を利用できるようになる

KEYWORD　プロトコル

もともとは外交上の儀礼や典礼を意味するが、国家間で結ばれる議定書のことも指す。ここから転じて、ネットワークに必要な約束事のまとまりを「プロトコル」と呼ぶ。

10

ネットワークの種類

ネットワークには、その規模によっていくつかの呼び名があります。

■ LAN（Local Area Network）

企業のオフィス、一般家庭、大学など、物理的に隣接している場所内で機器を接続したネットワークのことです。伝送媒体としては、一般的にツイストペアケーブル、同軸ケーブル、無線などが使用されます。

■ WAN（Wide Area Network）

都市や国など、地理的に離れた場所同士を接続し、比較的規模の大きいネットワークのことで、LAN同士をつないだネットワークもWANと呼びます。伝送媒体としては、一般的に光ケーブルや公衆網などが使用されます。

■ インターネット

企業、学校、通信事業者、ISPなどのネットワークをTCP/IPをベースに接続した地球規模の巨大ネットワークです。LANを世界規模で接続したWANともいえます（詳細については、Sec.09を参照）。

図2　LANとWAN

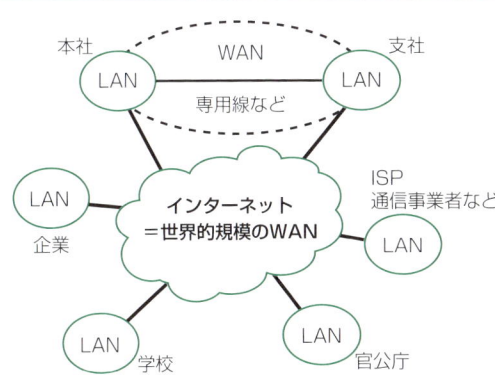

物理的に隣接した地域をつなぐLAN、離れたLAN同士をつなぐWAN、世界的規模のWANであるインターネット

■ イントラネット、エクストラネット

インターネットで使われている技術を応用し、企業内や地域内などのコンピュータを接続しているネットワークのことです。いわば、インターネット技術を使ったLANのことです。また、イントラネット同士をつなげたネッ

KEYWORD HTTP（HyperText Transfer Protocol）
Webサーバとクライアント間で、HTMLなどで書かれたデータをやり取りするための基本的なプロトコル。

トワークをエクストラネットといいます。いわば、インターネット技術を使ったWANです。

機器を接続する伝送媒体

伝送媒体とは、コンピュータやプリンタなどを物理的に接続するケーブルなどのことで、主に次のようなものがあります。

●ツイストペアケーブル（より対線）

電線（銅線）を2本ずつより合わせて対にしたケーブルで、現在のネットワークではLANを中心に広く使われています。

●光ファイバケーブル

ガラスやプラスチックの細い繊維でできているケーブルで、ケーブルの中に光を通して通信を行います。高速かつ長距離通信が行えるのが特徴で、インターネットへの接続回線などに使われています。

●同軸ケーブル

芯線をポリエチレンなどの絶縁／緩衝材で包み、その外側に導線で網状のシールド層を施し、さらに塩化ビニールで覆った多重構造のケーブルです。

●無線

ケーブルを使わず、電波や光などを使用して通信を行う仕組みで、「無線LAN」といいます。最近はよく使われるようになっています。

通信を行うための規定であるプロトコル

コンピュータを伝送媒体でつないだだけでは通信は行えません。人間と同じように、コンピュータ同士で会話するためには、何らかの取り決めが必要です。この取り決めが「プロトコル」です。プロトコルを規定すると、同じ機器同士でなくても通信が行えるようになります。

インターネットで問題なく通信を行えるのは、共通のプロトコルを使っているからです。最も代表的なプロトコルは、インターネットで使われるTCP/IPです。これは、TCPとIPという2つのプロトコルの総称で、TCPは

KEYWORD イーサネット
1970年代に米国ゼロックス社が開発したネットワーク規格。現在のLANの主流であり、LANの代名詞にもなっている。

Transmission Control Protocol（通信を制御するプロトコル）の略、IPはずばりInternet Protocol（インターネットプロトコル）の略です。

図3　ネットワーク上の共通言語

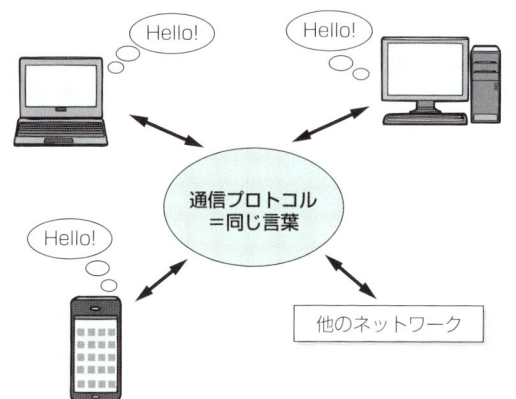

ハードウェアの仕様やOSが異なっても、同じ言葉（プロトコル）が話せれば意思の疎通ができる

　ただ、ネットワークの世界は、共通言語があるだけでは不十分です。どのような順番で通信を行うか、どういう経路で通信を行うか、相手にうまく伝わらなかったらどう対処するか、情報が正しく伝わったことをどう確かめるかといった細かい取り決めも必要です。このため、インターネットでは、TCP/IP以外にもさまざまなプロトコルが使われています。

　たとえば、Webページは、次の流れで閲覧できるようになります。インターネットではプロトコルが「入れ子構造」で利用されます。

① Webページのデータは、「HTTP※プロトコル」に従って取得され、Webサーバからルータまで「TCPプロトコル」に従って運ばれる
② ルータ間では、TCPプロトコルのデータ（HTTPを含む）が「IPプロトコル」に従って運ばれる
③ ルータとコンピュータの間では、IPプロトコルのデータ（TCP、HTTPを含む）が「イーサネット※プロトコル」に従って運ばれる

Point
- LANは最も身近にあるネットワークの1つ
- インターネットは地球規模の超巨大ネットワーク
- ネットワークには共通言語（プロトコル）が必要

Section 02 ネットワークを構築すると何が実現できるの?
ネットワークのメリット

ネットワークを構築すると、複数のコンピュータから同時にインターネットや周辺機器などを利用できるようになり、情報が共有化され、業務効率の向上とコストダウンにつながります。

2台のPCでもLANは有用

　LANは、最も基本的なコンピュータネットワークです。2台のパーソナルコンピュータ（PC）だけで構築される小規模なLANでも、数百台規模で運用される大規模なLANでも、実現できることは基本的に同じです。言い換えると、たった2台のPCでも、LANを構築するメリットは非常に大きいといえます。

メリット1：資源の有効活用

　LANの最大のメリットは、ネットワーク上のさまざまな資源（リソース）を複数のコンピュータから利用できることです。これを「共有」といいます。共有できる資源には、インターネット接続回線、周辺機器（プリンタ、スキャナ、ストレージなど）、データ（ファイルやフォルダ）などがあります。

　ネットワークにおいては、資源を提供（サービス）する側を「サーバ[※]」、提供される側を「クライアント[※]」といいます。たとえば、同じLAN上にあるコンピュータAにプリンタを接続し、コンピュータBから印刷を実行できるように設定した場合、コンピュータAがサーバ、コンピュータBがクライアントになります。

■インターネット接続回線の共有

　図1のようなLANを構築すると、1つの回線によるインターネット接続を

KEYWORD　サーバ（server）
「給仕する人」を意味する。クライアントからの「注文」に対してサービスを提供するコンピュータやアプリケーションのこと。

複数のクライアントPCで共有できます。サーバで設定を行えば、それぞれのPCで面倒な設定作業を行う必要がなくなり、インターネット接続事業者（ISP[※]）に支払う接続費用も節約できます。

図1　インターネット接続回線の共有

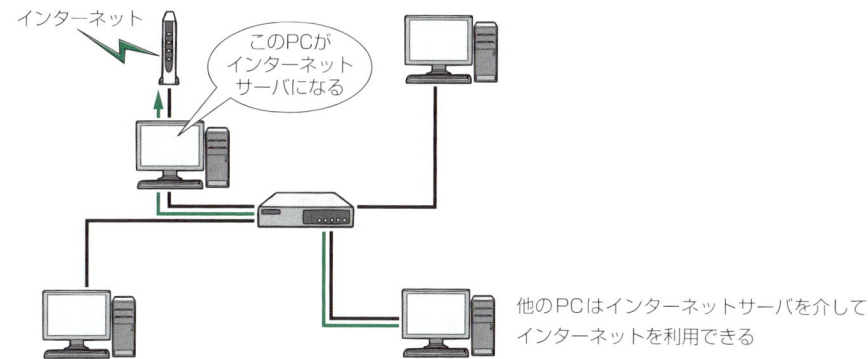

■プリンタの共有

　PC用のプリンタは一般に、PCに直接接続します。LANを構築していない場合、プリンタが接続されていないPCでは直接印刷ができません。

図2　プリンタの共有

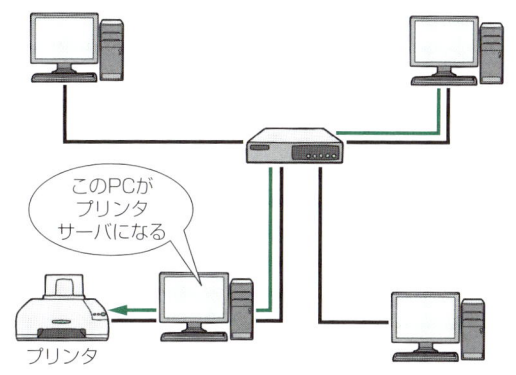

　LANを構築すると、プリンタが接続されていないPCからでも直接印刷できるようになって便利です。また、高精細カラーインクジェットプリンタや

KEYWORD　クライアント（client）

「依頼する人」を意味する。サーバに対して「注文」を出し、サービスを受けるコンピュータやアプリケーションのこと。

高速レーザプリンタなど、複数のプリンタがある場合には、用途に応じたプリンタの使い分けが容易になります。スキャナやメモリリーダ／ライタなど、他の周辺機器も同様に共有できます。

メリット2：業務効率の向上

　LANを構築すると、ワープロ、表計算、プレゼンテーションなどのビジネスソフトで作成したファイルやデジタルカメラの画像などのデータファイルも、プリンタなどの周辺機器と同様に共有できます。

●データの共有

　データを共有すると、資料を作成する際に誰かが以前に作成したデータを参考にしたり、部署全体の売上の集計をリアルタイムに把握したりすることが簡単に行えます。また、営業報告がネットワーク上で参照できると、担当者が不在の場合でも顧客からの問い合わせに対して適切に対応可能です。オンラインカタログなども常に最新の状態に保つことが容易になり、誤って古い情報を伝えるようなトラブルを避けられます。

図3　データの共有

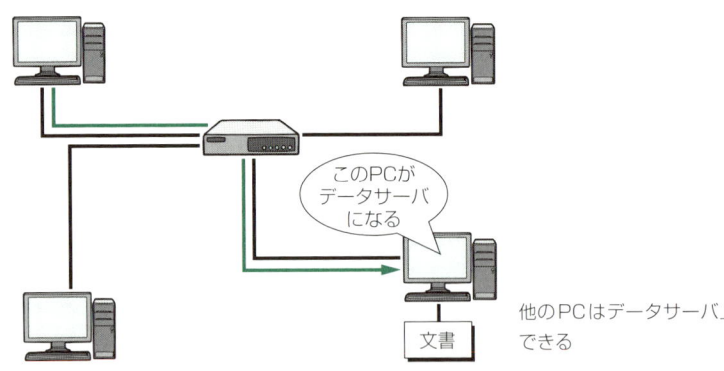

　さらに、大量のデータ入力が必要なときに、LAN対応のデータベースソフトを利用すると、1つのデータベースファイルに複数のPCから同時にデータを入力でき、短時間で作業を済ませることも可能です。

KEYWORD　ISP（Internet Service Provider）
インターネットに接続するためのサービスを提供する事業者で、単に「プロバイダ」とも呼ばれる。インターネットを利用する場合は、通常、ISPとの契約が必要となる。

図4 データ入力作業の分散化

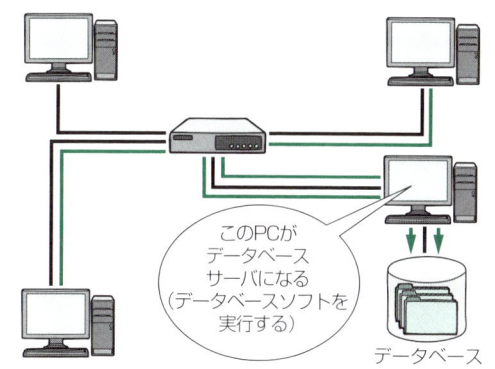

複数のPCから同時にデータベースへデータを登録できる

■資源の効率的な活用

　LANを構築すると、業務上の報告や連絡を電子メールで伝えることもできます。メールはデータとして保存され、いつでも確認できるため、伝達のミスや漏れがなく、確実に報告や連絡を行うことができます。

　また、グループウェアを導入することで、全員の活動予定や、会議室、備品などの予約状況をネットワーク上で管理したり、各社員の業務予定を把握したりすることが可能です。決裁書類や報告書などの起草、回覧、承認などの流れをネットワーク上だけで行うことも可能になります。

■アクセス制限も可能に

　ここまで説明してきたように、データの共有は業務の効率化につながります。ただし、一方で、情報へのアクセスが容易になることは、セキュリティ面での不安材料ともなります。この対策として、LANでは、共有するデータごとに、「誰でも可」「経営陣のみ可」「営業のみ可」「人事と総務のみ可」というように細かいアクセス制限を設けることができるようになっています。適切なアクセス制限を設定しておくことは、LANの管理担当者の重要な仕事の1つです。

Point
- PCが2台だけでもLANのメリットは絶大
- LANを構築するとさまざまなリソースを共有可能
- データの共有は業務効率の向上につながる

Section 03 パソコンや周辺機器をつなぐ約束事
プロトコルモデル

ネットワーク上で通信を行ううえでの約束事が「プロトコル」です。実際の通信は複数のプロトコルを組み合わせて行われます。これらを体系的に理解するために役立つのが、2種類の「プロトコルモデル」です。

OSI参照モデル

　ネットワークの基礎を学ぶうえで必ず出てくるのが、ISO[※]が定義した「OSI参照モデル」です。「OSI基本参照モデル」「OSIモデル」などとも呼ばれます。

　まだネットワークの規格に互換性がなかった1970年代後半、異機種間のデータ通信を実現するために、OSI（Open Systems Interconnection：開放型システム間相互接続）というネットワークの標準規格が提唱されました。このとき、メーカー各社がOSI準拠のネットワーク製品を開発できるように、通信機器の持つべき機能を7階層に分割し、各層に標準的な機能モジュールを定義したのがOSI参照モデルです。

　OSI参照モデルは1984年までにほぼ完成し、OSI準拠の通信機器やソフトウェアが順次製品化されていくはずでしたが、実際にはそうなりませんでした。1980年代後半からのインターネットの急速な普及とともに、TCP/IPが標準プロトコルの地位を確立していったためです。

　それでもOSI参照モデルは、ネットワークプロトコルの階層構造を理解しやすいこともあり、現在でも広く紹介されています。

KEYWORD　ISO（International Organization for Standardization：国際標準化機構）
1947年に設立された工業・農業分野などの国際規格の標準化機関。日本工業標準調査会（JISC）、米国規格協会（ANSI）など、各国の標準化機関が参加している。

TCP/IPモデル

インターネットを中核とする現在のネットワークにより即したプロトコルモデルが、「TCP/IPモデル」です。TCP/IPモデルは、米国のDARPA(Defense Advanced Research Projects Agency：国防高等研究計画局)が作ったモデルで、「DARPAモデル」とも呼ばれます。

TCP/IPモデルは表1のように、OSI参照モデルの7階層に対して、4階層で構成され、シンプルな構造になっています。

表1　OSI参照モデルとTCP/IPモデルの比較

階層	OSI参照モデル	主なプロトコル	TCP/IPモデル	階層
7	アプリケーション層	HTTP、FTP、POP、SMTP、SNMP、DNS、DHCP、Telnetなど	アプリケーション層	4
6	プレゼンテーション層			
5	セッション層			
4	トランスポート層	TCP、UDP	トランスポート層	3
3	ネットワーク層	IP	インターネット層	2
2	データリンク層	IEEE 802.3、ATM、フレームリレーなど	ネットワークインターフェース層	1
1	物理層	IEEE 802.11など		

TCP/IPでは、OSI参照モデルの第1層と第2層、第5層から第7層がそれぞれ1つの階層にまとめられています。PCや周辺機器メーカーは、このTCP/IPモデルに基づき製品を開発しています。これにより、異なるメーカーや機器間の通信が可能となっているのです。

1 パソコンや周辺機器をつなぐ仕組み

Point
- ネットワークの基本としてOSI参照モデルを覚えよう
- ネットワークの事実上の標準プロトコルはTCP/IPモデル
- OSI参照モデルは7階層、TCP/IPモデルは4階層

Section 04 さまざまなスタイルのネットワーク
ネットワークの分類

ネットワーク（LAN）は、その運用方法により2種類、接続方法により3種類のスタイルに分類できます。それぞれのスタイルの特徴およびメリットとデメリットについて解説します。

■運用方法による分類

運用方法によってLANを分類すると、「ピア・ツー・ピア型」と「クライアント／サーバ型」に大別できます。両者の違いは「専用のサーバマシン」を用意するかどうかです。

▶ピア・ツー・ピア型

専用サーバを用意せず、ネットワークに接続されたすべてのPCを対等に扱う方式です。「P2P」と略されることもあります。ネットワークには必ず、周辺機器、ソフトウェア、データなどの資源を「提供する側（サーバ）」と「受ける側（クライアント）」の役割を持つコンピュータが存在しますが、ピア・ツー・ピア型LANではその役割を固定せず、いずれのPCもサーバとクライアントのどちらにもなります。

ピア・ツー・ピア型のメリットは、低価格かつ手軽にLANを構築できることにあり、小規模なオフィスや家庭内など、PCの台数が少ない環境で広く利用されています。また、Windows 7などのOSのみでLANを構築する場合も、通常このスタイルになります。

一方で、実現できるネットワーク機能が限定的なことや、ネットワーク全体のパフォーマンスが低下する可能性などを考慮しておく必要があります。特に、ネットワーク上のセキュリティの基本である「ユーザごとのアクセス許可」が実現しにくく、ユーザ数が増えると管理が難しくなります。

KEYWORD ノード
もともとは「結び目」という意味だが、転じてネットワークの「結節点」を指す。PCやプリンタなどのほか、ハブ自体もノードの一種。ノード同士を結ぶケーブルや無線は「リンク」と呼ぶ。

図1 ピア・ツー・ピア型LAN

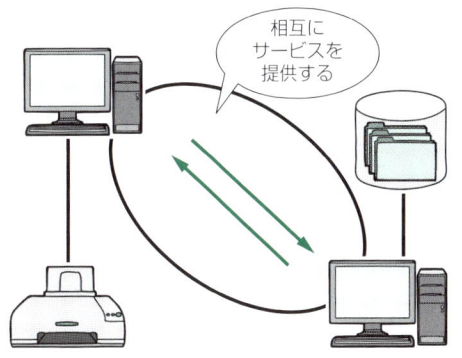

LAN上のコンピュータが相互にサービスを提供したり、提供されたりするスタイル

■クライアント／サーバ型

特定のコンピュータをサーバ専用機として資源を集中的に持たせ、サーバ以外のコンピュータ（クライアント）から利用できるようにする方式です。「C/S方式」などと呼ばれることもあります。

図2 クライアント／サーバ型LAN

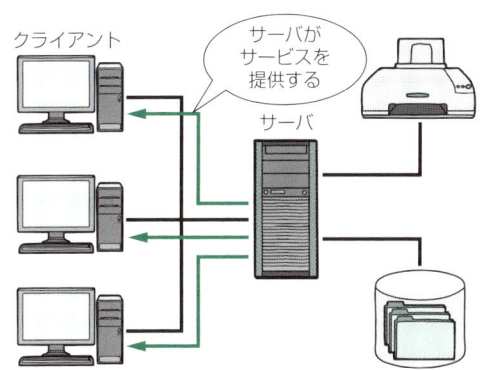

サーバ専用機がネットワーク上の資源を一元管理してサービスを提供するスタイル

　クライアント／サーバ型では、サーバとクライアントの役割を明確に分離することで、ユーザ、PC、プリンタなどの資源管理や、セキュリティ管理を一元化できます。このため、PCやユーザの数が多く、高度なセキュリティが要求される場合には、この形態を採用することが一般的です。一方で、負

KEYWORD ブロードバンドルータ
LANとインターネットの間を接続する機器で、ハブ機能を内蔵している。光ファイバやケーブルテレビなどの高速かつ大容量の通信回線（ブロードバンド回線）に対応している。

荷が集中するサーバには高い処理能力が求められ、LANの規模が大きくなると、複数台のサーバが必要になることもあります。また、UNIXやLinux、Windows Server 2008といったサーバ専用のOSも必要になるなど、導入や運用のコストは高くなります。

クライアント／サーバ型のシステムでは、サーバ専用のOSやアプリケーションを導入することで、ピア・ツー・ピア型よりも高度な機能を利用できますが、ユーザ管理、セキュリティ管理、サービス管理など考慮すべき要素も多くなり、システム管理者にはある程度の専門知識が必要になります。

接続方法による分類

ネットワークなどの物理的な接続方法のことを、「トポロジ」といいます。ネットワークトポロジには、「スター型」「バス型」「リング型」「ツリー型」「メッシュ型」などがあります。多いのはスター型、バス型、リング型の3種類です。特に最近のLANはほとんどがスター型となっています。

図3　主なネットワークトポロジ

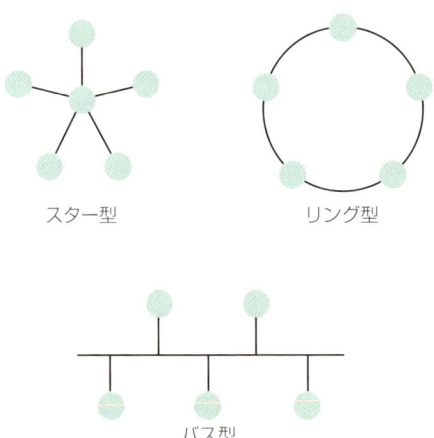

スター型　　リング型

バス型

実際には複数のトポロジを組み合わせたLANも多い

●スター型トポロジ

複数のケーブルを接続できるコネクタ（ポート）を備えた「ハブ」と呼

KEYWORD　10BASE-5（テンベースファイブ）、10BASE-2（テンベースツー）
同軸ケーブルを使うイーサネット規格。10BASE-2は細く安価な同軸ケーブルを使用できる。通信速度はどちらも最大10Mbpsで、ケーブル長は10BASE-5が最大500m、10BASE-2が最大200m。

ばれる機器を中心に、ノード※が放射状に接続されたスタイルです。新規にLANを構築する場合、スイッチングハブとツイストペアケーブルを用いた、100BASE-TXや1000BASE-T（Sec. 05を参照）などのイーサネット規格で構築するのが一般的です。

図4　スター型トポロジ

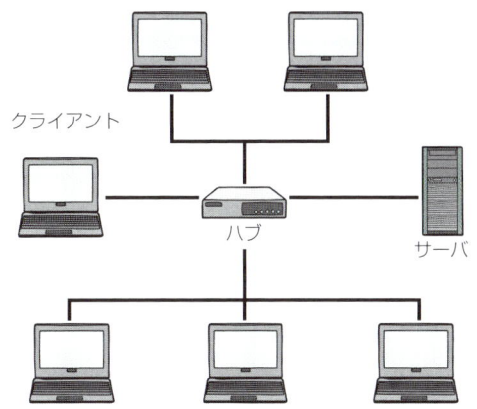

ハブを中心にサーバやクライアントを接続するネットワークスタイル

　スター型トポロジがLANで広く採用されるようになったのは、後述のバス型やリング型に比べて次のようなメリットがあるからです。

・導入コストが低い
・ノードの追加や取り外しが容易である
・ハブの追加によりネットワークを容易に拡張できる
・トラブルが発生した場合に障害箇所を容易に特定できる
・ノードの障害が他のノードに影響しない
・ポートごとに暗号化や接続の制限などが行え、セキュリティ面で有効

　一方、デメリットとして、次のようなことが挙げられます。

・ノードの数だけケーブルが必要で、ケーブルの敷設が面倒になる
・ハブに障害が発生するとネットワーク全体が使用不能になる

　特に、ハブの機能が停止した場合にネットワークがまったく使えなくなってしまう状況は深刻で、信頼性の高いメーカー、製品を選ぶ必要があります。

KEYWORD　トークンリング

米IBMが開発したLAN規格。リングを回る「トークン」を捕捉したノードのみが通信を行うことでコリジョン（衝突）を防止する。

また、LANをインターネットやWANに接続している場合、単なる故障のみならず、外部からの攻撃への対処も想定する必要があります。2011年7月現在発売されているハブやブロードバンドルータ[※]には、不正なアクセスの防止機能を備えた製品もありますが、ハードウェアの標準機能だけでは十分とはいえない場合もあり、セキュリティ対策をしっかり行う必要があります。

▶バス型トポロジ

「バス」と呼ばれる基幹ケーブルにすべてのノードが接続され、ケーブルの両端に信号の反射を防ぐターミネータ（終端抵抗）が取り付けられたスタイルです。10BASE-5[※]や10BASE-2[※]といった、初期のイーサネット規格で広く採用されていましたが、最近は少なくなっています。

図5 バス型トポロジ

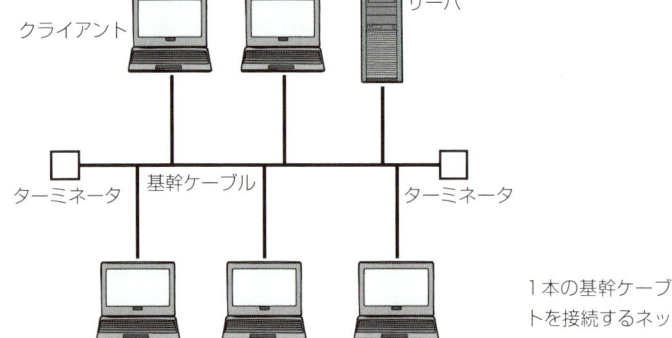

1本の基幹ケーブルにサーバやクライアントを接続するネットワークスタイル

バス型LANのメリットは、構造が単純で必要なケーブルが短く、比較的安価に構築できることにあり、物理的、経済的な理由で一時は広く導入されていました。基幹ケーブル（バスケーブル）で障害が発生するとネットワーク全体のダウンに直結するため、10BASE-5や10BASE-2では、基幹ケーブルに信頼性が高くノイズに強い同軸ケーブルが使われます。

バス型の欠点として、基幹ケーブルの敷設や障害箇所の切り分けが難しいことなどに加え、ネットワークを流れるデータ量（トラフィック）が増大するとパフォーマンスが著しく低下することが挙げられます。これは、1本の

KEYWORD FDDI（Fiber-Distributed Data Interface）
光ファイバケーブルを二重化した幹線LAN用の規格。通信速度は最大100Mbps。

ケーブル上ですべてのノードが通信を行うため、通信量が増えるとケーブル上でデータのコリジョン（衝突）が頻繁に起き、何度も再送信を試みるためです。これには回避の方法がありません。

セキュリティ面も同様で、バス型では（サーバなど）目的のノードだけではなくすべてのノードに対して通信が行われるため、データの盗聴が比較的簡単です。これにはデータの暗号化などで対処するしかありません。

■ リング型トポロジ

すべてのノードを、1本の環（リング）状のケーブルに接続するスタイルで、「ループ型トポロジ」と呼ばれることもあります。

図6　リング型トポロジ

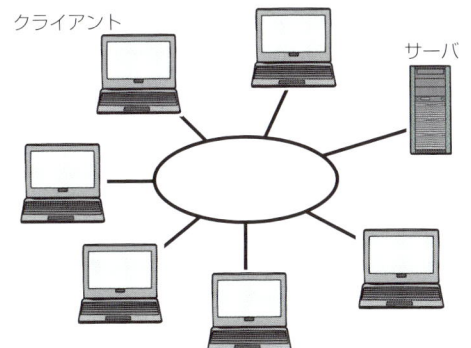

環状のケーブルにサーバやクライアントを接続するスタイル

リング型の特徴は、通信の流れが一方通行であることです。各ノードは、流れてきた信号が自分宛てであれば受け取り、そうでなければ次のノードへ送ることで通信を行います。これによりコリジョンは起こりませんが、途中のノードに1ヵ所でも障害が発生すると通信が行えなくなるため、ケーブルを二重化して双方向化することで信頼性を高める必要があります。

リング型トポロジは、トークンリング※、FDDI※などのLAN規格で採用されていますが、現在は目にする機会が少なくなっています。

Point
- ピア・ツー・ピア型LANは低価格で実現でき、小規模LANに最適
- クライアント／サーバ型は資源管理や高いセキュリティに最適
- ハブを中心とするスター型トポロジが現在のLANの主流

Section 05 有線LANの仕組みと必要なもの

有線LANの基礎知識

現在最も普及している有線LANのスタイルは「スター型トポロジ」の「イーサネット」です。その規格の種類と、構築するために必要となるハードウェアやソフトウェアについて説明します。

標準的なイーサネットの構成

PCが数台程度までのオフィスでLANを構築する場合、図1に示すように、物理的なトポロジは「スター型」、ネットワークインターフェース層のプロトコルは「イーサネット」というのが事実上の標準です。

図1 標準的なLANの構築例

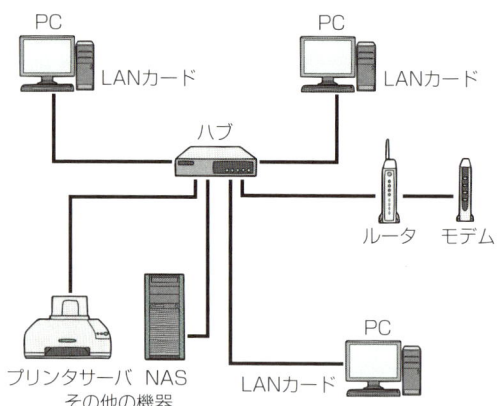

ハブを中心にPC、プリンタ、ルータなどを接続したLAN

このようなLANを構築するには、PCやプリンタのほか、次のようなハードウェアやソフトウェアが必要になります。

・ハブ※またはブロードバンドルータ
・ネットワークインターフェース（LANカード、LANボード）

KEYWORD　ハブ

「車輪の中心軸」を語源とする。転じて、ハブ空港など事象の中心を指す使われ方が多い。スイッチング機能を持たないハブをリピータハブという。

- LANケーブル（ネットワークケーブル）
- ネットワーク対応OS（NOS）
- プリンタサーバ、NAS（Sec. 07を参照）

■イーサネットの種類と速度

伝送媒体にツイストペアケーブルを用いるイーサネット規格には、表1のものがあります。2011年現在、LANの主流は100BASE-TXですが、市場では1000BASE-T対応製品が主力になりつつあります。

表1　主なイーサネット規格

規格	名称	最大転送速度
10BASE-T	イーサネット	10Mbps
100BASE-TX	ファストイーサネット	100Mbps
1000BASE-T	ギガビットイーサネット	1Gbps
10GBASE-T	10ギガビットイーサネット	10Gbps

これらの規格には物理的な上位互換性があり、1つのLAN内に混在させることができます。ただし、転送速度は、構成する機器がどの規格までサポートしているかに依存します。ハブやケーブルが1000BASE-Tに対応していても、PCが100BASE-TXまでしか対応していなければ、転送速度はPC側に合わせて最大100Mbps[※]となります。LANを構築する際は、PCやインターネット環境など、既存インフラのネットワークの性能も勘案してLAN関連機器を導入することが重要です。

主要なネットワーク機器

■ハブ

スター型のLANにおいて、PC、プリンタ、インターネット回線などを中継する「集線装置」の役割を持つ機器です。

イーサネット用のハブは、LANケーブルを接続するポートを4〜16個装備し、構築するLANの規模に応じて製品を選ぶことができます。また、PCが4台程度の小規模なLANの場合、ハブの代わりにブロードバンドルータ

KEYWORD　bps（bits per second）

ビット毎秒。転送速度を表す単位で、1秒間に転送できるビット数を表す。1,000bps＝1Kbps、1,000Kbps＝1Mbpsになる。

を使えます。ハブが持つポート数を超えてしまう場合は、ハブに別のハブを接続してツリー型に増設し、LANを拡張できます。

図2　ハブの例

4〜16個のポートを備えた製品が多い

　初期のハブは、あるポートから送られたパケット※をすべてのポートに送るため、トラフィックが増大してコリジョンが発生しやすく、LANのパフォーマンスが下がる要因を作っていました。その後、信号を解析して宛先を確認し、目的のPCが接続されたポートのみに送る「スイッチングハブ」が登場して、無駄なトラフィックが生じなくなりました。現在、店頭で売られているハブはほとんどがスイッチングハブです。

図3　スイッチングハブの機能

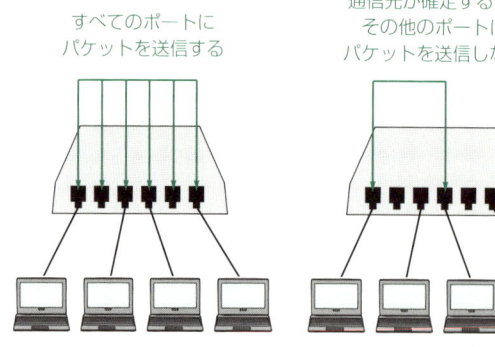

すべてのポートに
パケットを送信する

通信先が確定すると、
その他のポートに
パケットを送信しない

初期のハブ　　　　スイッチングハブ　　目的のポートにしかパケットを送らず、効率的な転送が可能

● LANケーブル

　有線のLANでハブとPCなどを結ぶ伝送媒体です。一般的に使われるの

KEYWORD　パケット

「小包」という意味。ネットワーク上では、伝送媒体が連続して占有されないように、データを小さなパケットに分割して転送する。また、通信エラーの再送信もパケット単位で行われる。

28

は、ツイストペアケーブル（より対線）の一種で、ノイズ対策用のシールド加工が施されていない「UTPケーブル※」です。

　LANケーブルを購入する際の注意点は、「長さ」と「カテゴリ」です。長さは、基本的に長いほど高価で敷設や取り扱いも面倒であるため、ある程度は長さの目処をつけてから購入すべきです。

　カテゴリはケーブルの規格で、表2のように、数字が大きいほど高速な規格をサポートしています。また、カテゴリ6以下はUTPです。高速な10GBASE-Tの導入を想定していたり、余っているLANケーブルを活用したりする場合には、カテゴリに注意が必要です。また、ケーブルの外見からはカテゴリを判断しにくいので、タグなどに記入してカテゴリを管理すると便利です。

表2　ツイストペアケーブルのカテゴリ

カテゴリ	通信速度	周波数	ノイズ対策	用途
7	10Gbps	600MHz	あり	10GBASE-T
6A	10Gbps	500MHz	なし	10GBASE-T
6	1Gbps	250MHz	なし	1000BASE-T
5e	1Gbps	100MHz	なし	1000BASE-T
5	100Mbps	100MHz	なし	100BASE-TX
3	10Mbps	16MHz	なし	10BASE-T

■ネットワークインターフェース

　ネットワークインターフェースカード（Network Interface Card、以下NIC）は、PCやプリンタなどが装備するネットワークの出入口です。現在のPCは、一部の例外を除き、100BASE-TX以上のNIC機能を標準で搭載しており、通常は別途NICを購入する必要はありません。ただし、「PC搭載のNIC機能は100Mbpsだが、1GbpsのLANを構築したい」という場合には、1Gbps対応のNICを増設する必要があります。増設用のNICは、ボードタイプ、カードタイプのほか、USBポートに挿入する汎用タイプもあります。

　NICには、PCの標準装備か増設タイプかを問わず、内部回路に必ず「MACアドレス※」または「物理アドレス」と呼ばれる48ビットのID番号が記録

KEYWORD　UTP（Unshielded Twisted Pair）ケーブル
ノイズ対策用のシールドが施されていないツイストペアケーブル。一方、ノイズ対策のシールドを施したケーブルを「STP（Shielded Twisted Pair）ケーブル」という。

されています。MACアドレスは、世界中のNICの1枚1枚に固有の番号となっており、ネットワークはこのアドレスを利用して通信を行います。

図4　増設NICの例

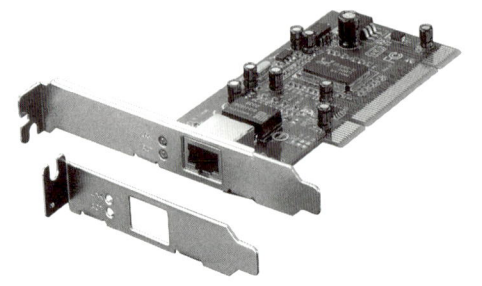

デスクトップPC用のボードタイプのNIC。イーサネット用のNICは「RJ45」と呼ばれるポートを1つ備えている

● ブロードバンドルータ

ルータとは、異なるネットワーク同士を相互接続する機器のことです。接続するネットワークの規模に応じてさまざまな製品がありますが、ここでは、「中小規模のLAN」と「インターネット」を相互接続する「ブロードバンドルータ」という、ルータの中では最も低価格の製品を紹介します。

図5　ブロードバンドルータの例

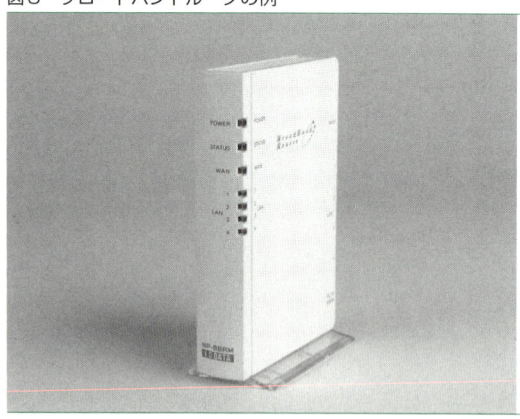

ルータ機能とハブ機能の両方を備えているものが標準となっている

ブロードバンドルータはルータ機能やハブ機能などを備えています。

ルータ機能は、受け取ったパケットの宛先や種類などに応じて、パケットを受信したり別のルータに転送したりする機能です。そのために、どのよう

KEYWORD　MAC（Media Access Control）アドレス
「マックアドレス」と読む。IEEE（米国電気電子学会）が割り当てるメーカー番号（24ビット）と各メーカーが割り当てる個別番号（24ビット）で構成される一意のアドレス。

な経路でパケットを転送するかを判断する「経路情報」を管理しています。

また、イーサネットのスイッチングハブ機能を備えており、ルータに直接PCを接続できます。100BASE-TX（100Mbps）やより高速な1000BASE-T（1Gbps）にまで対応している製品もあります。ポート数は、多くの製品では4〜5個ですが、8ポートを備えているものもあります。ポート数が足りている場合は、別にハブを用意する必要はありません。さらに、無線LANのアクセスポイント機能（Sec. 06を参照）を備えた製品もあります。

それ以外にも、LAN側のすべてのPCからインターネットを利用できるように、LAN内部のプライベートなIPアドレスとインターネット上の公的なアドレス（グローバルIPアドレス）を変換する機能や、外部からの攻撃からLAN内のPCを防御するセキュリティ機能なども標準で備えています。また、自宅や公共の無線LANアクセスポイントからのアクセス（リモートアクセス）をサポートしている製品もあります。利用環境によっては複雑な設定が必要ですが、Webブラウザの画面を選択することで、比較的簡単に設定を行えるようになっています。

▶ネットワークOS

Windows系OSは、標準でネットワーク機能を備えており、OSをインストールした段階でネットワークを使用できる状態になっています。したがって、ピア・ツー・ピア型であれば新たにOSをインストールする必要はありません。ただし、LANを利用するためには、コンピュータ名やワークグループ名の設定など、いくつかの作業が必要です。

クライアント／サーバ型の場合は、サーバの処理能力や機能を活用するために、サーバにはサーバ用OSが必要になります。クライアント側は通常のWindows系OSで十分です。

Point
- イーサネットは、10Mbps→100Mbps→1Gbpsと高速化している
- ネットワーク構築にはスイッチングハブまたはブロードバンドルータが必須
- ネットワーク用に新たにOSを導入する必要はない

Section 06 無線LANの仕組みと必要なもの

無線LANの基礎知識

近年、急速に普及している「無線LAN」。ケーブルが不要であるため有線LAN（イーサネット）と比べてフレキシブルにLANを活用できる半面、無線ならではのセキュリティ対策が必須となります。

無線LANの仕組み

「無線LAN」は、広義には「無線を使うLAN」全般を含みますが、通常は「『IEEE 802.11』で始まる無線LAN規格を採用したLAN」を指します。Wireless LANを略して「WLAN」と表現することもあります。

無線LANの基本的な仕組みは、ケーブルを無線に置き換えただけで有線LANと同じです。有線LAN（イーサネット）のハブに相当する「アクセスポイント」と、PCのネットワークインターフェース（NIC）に相当する「無線LANアダプタ」という2種類の機器の間で無線通信を行います。

図1 無線LANの概念

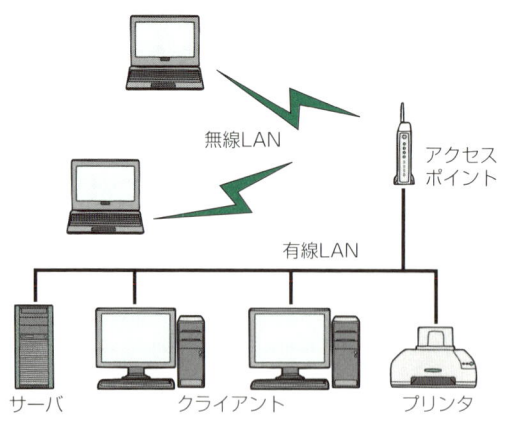

アクセスポイントを通じて有線LANやインターネットに接続する

KEYWORD ホットスポット

通信事業者、機器メーカー、自治体などがサービスを展開している。利用形態は有料／登録会員制、有料／非登録制、無料などさまざま。

無線LANのメリット

■可搬性の高さ
　オフィスなら会議室や接客スペース、家庭ならリビングやキッチンなど、電波の届く範囲であれば屋内外を問わず、PCを自由に持ち歩いてLANやインターネットを利用できます。

■レイアウトの自由度の高さ
　ケーブルを設置する必要がなく、複数のフロアにまたがってLANを簡単に構築できます。ケーブルの抜けや断線のトラブルもありません。

■短時間で構築可能
　異動の多い職場や、会議などで一時的にLANが必要な場合にも、ハブのポート数やケーブルの数を考慮する必要がなく、短時間で構築できます。

■モバイルでの利用
　全国各地のホテル、飲食店、駅、電車内などで、公衆無線LANの接続環境を提供しています。「ホットスポット※」と呼ばれるこれらの場所では、無線LAN機能を内蔵したPCなどでインターネットを利用できます。

無線LANのデメリット

■通信速度と通信品質
　有線LANと比べると実効速度※は低く、伝送距離、障害物、電波干渉などの要素で通信が不安定になる度合いも大きくなります。

■セキュリティ対策
　アクセスポイントのセキュリティ対策が不十分だと、無断でLANやインターネットを使われたり、データが漏洩したりする危険があります。

■導入コスト
　有線LANと比べると必要な機器の価格が高めです。無線接続の必要がないデスクトップPCなどは有線LANで接続するほうが、通信速度を含めたコストパフォーマンスは高くなります。

KEYWORD　実効速度
単位時間あたりに実際に回線上で転送されるデータの量のこと。LANの通信速度は、距離や回線の混雑度などによって影響を受け、低下する。

無線LANの規格

　無線LANの規格は、IEEE※（米国電気電子学会）が「IEEE 802.11」シリーズとして標準化しており、表1のような伝送規格が定められています。

表1　無線LANの伝送規格

規格名	周波数帯	通信速度	策定年
IEEE 802.11b	2.4GHz帯	11Mbps	1999年
IEEE 802.11a	5GHz帯	54Mbps	1999年
IEEE 802.11g	2.4GHz帯	54Mbps	2003年
IEEE 802.11n	2.4GHz/5GHz帯	600Mbps*	2009年

＊2010年時点では最大300Mbps

　無線LANの規格には、周波数帯に2.4GHz帯を使うものと5GHz帯を使うものがあります。製品化が先行したのは2.4GHz帯で、最初の「IEEE 802.11b」（以下、11b）から「IEEE 802.11g」（以下、11g）、「IEEE 802.11n」（以下、11n）と上位互換規格が登場して無線LANの主流になっています。この周波数帯の問題点は、電子レンジや一部の医療機器と電波干渉を起こして速度が低下することです。また、11bの実効速度は3～4Mbps程度と低く、今日のブロードバンド環境では少なくとも11g（実効速度20Mbps程度）、理想的には11n（実効速度80～100Mbps）レベルの通信速度が求められます。

　5GHz帯の「IEEE 802.11a」（以下、11a）は、2.4GHz帯のような電波干渉の問題はなく、11gとほぼ同等の高速通信が可能です。ただし、2.4GHz帯より障害物の影響を受けやすく、通信可能距離も短くなります。先行した2.4GHz帯と互換性がないことで市場の立ち上がりが遅れ、ホットスポットにも対応しないところがありますが、帯域幅が広いこともあり、企業向けを中心に根強い需要があります。

　最新の11nは、11b/11gと11aの両方の上位互換規格です。障害物に強い2.4GHz帯と、電波干渉に強く帯域の広い5GHz帯の両方を使い分けられるほか、複数のアンテナで同時送受信を行う「MIMO※」、隣り合う帯域をまとめて利用する「チャンネルボンディング※」などの新技術が採用され、通信

KEYWORD　IEEE（Institute of Electrical and Electronics Engineers）
「アイトリプルイー」と読む。1963年に創設され、電子部品や通信方式などの標準化を行っている。イーサネットも、IEEE 802.3として標準化されている。

品質の向上と通信距離の拡大を実現しています。

無線LANに必要な機器

　無線LANを構築するには、有線LANにおけるハブの役割を担う「無線LANアクセスポイント」と、PC側のネットワークインターフェースに相当する「無線LANアダプタ」が必要です。

▶無線LANアクセスポイント

　本来の目的は無線LANクライアント同士の相互接続ですが、有線LANやインターネットと相互接続する「ルータ機能」や有線LANの「ハブ機能」を備え、1台で有線LAN、無線LAN、インターネット接続を実現できる製品が主流です。デスクトップPCを有線、ノートPCや離れた場所のPCを無線で接続すれば、1つのアクセスポイントで10ノード程度のLANを効率的に構築できます。この場合、有線LANのハブ側の速度（最大100Mbpsまたは最大1Gbps）も選択条件になります。

図2　無線LANアクセスポイントの例

ルータ機能やハブ機能を備え、有線LANやインターネットへの接続も可能な機種が主流である

　数十ノード以上の大規模オフィスに無線LANを導入する場合、「無線LANコントローラ」と呼ばれる機器やソフトウェアを導入して複数のアクセスポイントを集中管理すれば、通信の平準化、セキュリティ、メンテナン

KEYWORD　MIMO（Multiple Input Multiple Output）
複数のアンテナで同時に送受信を行うことで無線LANの高速化を図る技術のこと。IEEE 802.11nで採用されており、100Mbps以上の実効速度を可能にしている。

35

スなどを効率的に行えます。企業向けには、アクセスポイントとしての単機能に絞った製品が主流です。

▶ 無線LANアダプタ

有線LANのNICと同様に、デスクトップPC用のボードタイプ、ノートPC用のカードタイプ、USB接続タイプがあります。2011年7月現在、無線LAN機能を搭載したノートPCは、ほとんどが11n/g/bまたは11n/g/a/bに対応しているため、通常は別売の無線LANアダプタを用意する必要はありません。

図3 無線LANアダプタの例

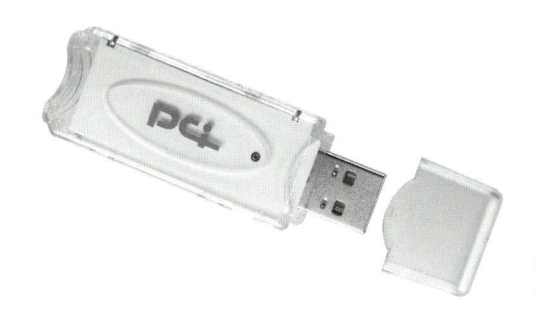

法人向けに、認証システムに対応した製品もある

▶ 互換性を保証するWi-Fi

無線LAN対応製品の相互接続を保証する業界団体が「Wi-Fi Alliance」です。Wi-Fi Allianceの認証を取得した製品には「Wi-Fi CERTIFIED」のロゴが付与され、異なるメーカーのアクセスポイントと無線LANアダプタでも通信が可能であることが保証されます。ただし、2.4GHz帯と5GHz帯の機器間には互換性がないため、注意してください。

無線LANのセキュリティ

ケーブル接続の有線LANと比べ、外部からの侵入が容易な無線LANでは、次のようなセキュリティ対策を実施する必要があります。

KEYWORD チャンネルボンディング

IEEE 802.11nで採用されている。隣り合う帯域のチャンネルを1つにまとめる技術のこと。通常20MHzの帯域幅を40MHzにできる。

36

■アクセスポイントへ接続できる機器を限定する機能

部外者によるアクセスポイントへの接続を防ぐには次の機能を使います。

- **ESS-ID（Extended Service Set ID）**：アクセスポイントを識別するIDのことで、単にSSID（Service Set Identifier）と呼ぶことも多い。アクセスポイントと無線LANアダプタに共通のESS-IDを設定し、ESS-IDが一致しない機器には通信を許可しない
- **MACアドレスフィルタリング**：アクセスポイントに自社／自宅の無線LANアダプタのMACアドレスを登録し、未登録の機器には通信を許可しない
- **IEEE 802.1X認証**：RADIUS（Remote Authentication Dial In User Service）サーバを利用して認証を行う

ESS-IDとMACアドレスフィルタリングは脆弱性が指摘されているため、企業向け製品の多くは「IEEE 802.1X認証」をサポートしています。

■通信自体を暗号化する機能

仮に盗聴されてもデータの読み取りを防ぐためにデータを読めないようにする機能で、次の方式を使います。

- **WEP（Wired Equivalent Privacy）**：11b以降に実装されている暗号化技術。暗号方式はRC4だが、早くから脆弱性が指摘されている
- **WPA（Wi-Fi Protected Access）**：Wi-Fi Allianceが策定した暗号化技術。暗号方式はRC4を改良したTKIP（Temporal Key Integrity Protocol）
- **WPA2**：WPAより堅固な暗号化技術。暗号方式は米国政府にも採用されたAES（Advanced Encryption Standard）

Point
- 無線LANでは高速でつながりやすい「IEEE 802.11n」規格が今後の主流
- 無線LANではアクセスポイントと無線LANアダプタが必要
- 不正接続、盗聴を防ぐためのセキュリティ対策は必須

Section 07

ネットワークの利便性を高める周辺機器
LAN対応の周辺機器

LANのメリットの1つに、プリンタなどの周辺機器の共有があります。共有する周辺機器は、サーバとなるPCに接続する形態のほか、PCを介さずLANに直接接続することもできます。

■ LANに直接接続するメリット

PCに接続されているプリンタに、LAN上の他のPCから印刷を実行する場合、そのPCの電源を入れておかなければなりません。ピア・ツー・ピア型などの小規模LANの場合、印刷するたびにPCの電源を確認するのは効率的ではありません。また、印刷が集中するとサーバに負荷がかかります。これらの問題は、周辺機器をLANに直接接続することで解決できます。

図1　ネットワーク対応プリンタのイメージ

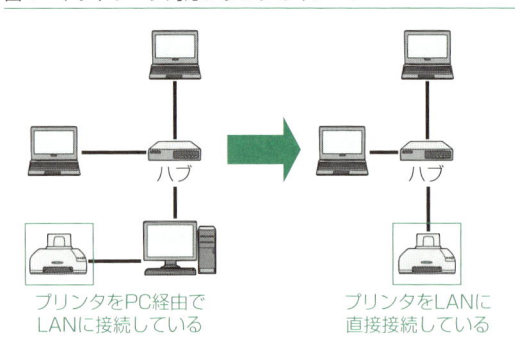

プリンタをPC経由で　　プリンタをLANに　　プリンタをPC経由ではなくLANに直接
LANに接続している　　直接接続している　　接続する

■ ネットワーク対応プリンタ

LANに直接接続するためには、有線または無線のネットワークインターフェース（NIC）をサポートした、次のプリンタを用意します。

KEYWORD　NAS（Network Attached Storage）
「ナス」と読む。「ネットワークに接続された記憶装置」を意味する。NFSやCIFSなどのファイル転送プロトコルを利用してファイルサーバとして機能する。

38

- NIC機能を（標準またはオプションで）搭載したプリンタ
- 「プリンタサーバ」を接続したプリンタ

▶NIC機能を搭載したプリンタ

　現在は、ビジネス用では大半のモデルが有線LANポート（100BASE-TXまたは10BASE-T）を装備し、ケーブルを接続するだけでイーサネットに直接接続できます。また、ブロードバンド環境の普及に伴い、家庭用モデルもLANポートを搭載した製品が増えています。無線LAN（IEEE 802.11n/g/b）機能も搭載したモデルならケーブル長を考慮せずにプリンタの設置場所を選ぶことができます。

　ビジネス用モデルの一部には、専用スロットを設けてNIC機能をオプションで用意している製品もあります。別売のNICを装着すれば、最初からNICを搭載しているプリンタと同等の機能を持つことになります。

▶プリンタサーバ

　NIC機能を搭載しないプリンタをネットワーク対応にするための小型のコンピュータのことです。数千円～1万円前後の投資で使用中のプリンタをLANに対応させることができます。

図2　プリンタサーバの例

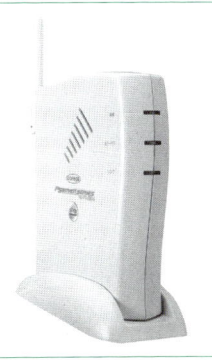

有線LANに加え、無線LANに対応する製品もある

　通常、有線LAN用のイーサネットポートとプリンタ側のインターフェース（USBやパラレルポート）、機種によっては無線LAN用のアンテナを備えています。双方向通信に対応した機種であれば、プリンタのインク／トナー

KEYWORD　RAID（Redundant Arrays of Inexpensive（またはIndependent）Disks）
「レイド」と読む。Sec. 07で取り上げたもの以外に、2台のHDDの故障に耐えられるRAID6がある。

や用紙の確認、複合機のスキャナ機能の利用などにも対応できます。

ネットワーク対応ストレージ

　ハードディスクドライブ（HDD）など、共用データを保存するストレージ（記憶装置）は、プリンタより利用頻度がはるかに高く、LANに直接接続した場合の効果もより大きいと言えます。LANに直接接続するHDDは、従来「ファイルサーバ」という呼び名が一般的でしたが、PCに接続された共有HDDと区別するために「NAS※」と呼ばれることが多くなっています。

図3　NASの例

NASには耐障害性の高いRAID機能を備える製品もある

　NASは、HDD（1台以上）とNIC、管理用のOS、管理ソフトなどが一体化された記憶装置で、LAN上ではPCの外付けHDDと同様の共有ドライブとしてアクセスできます。通常の外付けHDDにNIC機能が付与された普及モデルから、複数のHDDを内蔵できる高性能モデルまでさまざまなものがあり、高性能モデルでは複数台（通常4台以上で同容量）のHDDを一括制御し、全体を仮想的なHDDとして利用する「RAID※」機能をサポートしているものがあります。RAIDには次に示すレベルがあり、通常のHDDに比べて大容量、高い耐障害性、高速性を実現できます。
・RAID0（ストライピング）：全体を1台のHDDとして利用する。容量は全HDDの合計となり、読み書きを複数HDDに分割するため高速にアクセスできるが、HDDが1台でも故障すると全体がダウンする
・RAID1（ミラーリング）：全体を2分割し、2組のHDDに同じデータを書

KEYWORD　ホットスワップ
コンピュータの電源を入れたまま、周辺機器を接続し直して認識すること。

き込む。容量は全体の半分になるが、1組のHDDが故障しても、もう一方の組でNASを使い続けられる
・**RAID5**：HDDが4台の場合、各HDDの4分の3をデータ記録用、4分の1を修復用とし、1台が故障して新しいHDDに交換しても、他の3台の修復用情報から元の状態を復元する。信頼性と容量のバランスが高い
・**RAID10**：RAID1とRAID0の組み合わせで、4台のHDDを2組に分け（RAID1)、各組のHDDはそれぞれ1台のHDD（RAID0）として機能する。ある程度の高速性と信頼性を両立できる

RAID1、RAID5、RAID10では、ホットスワップ※に対応し、NASを止めることなく故障を回復できます。

ネットワーク対応USBハブ

プリンタやHDD以外にも、スキャナ、ブルーレイ／DVDドライブ、USBメモリ、カードリーダ、スピーカ、Webカメラなど、USB接続の周辺機器には多くの種類があります。最近は、これらの機器をLANに直接接続できる「汎用USBデバイスサーバ」ともいうべき機器が登場しています。

接続できるUSBデバイスの種類、台数、制限事項（同時利用、双方向通信の可否など）は機種によって異なるので、導入時には注意が必要です。

図4 ネットワーク対応USBハブの例

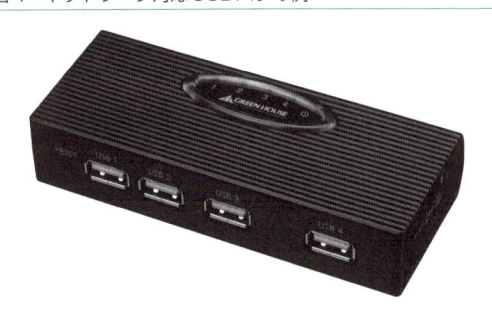

2〜4個のUSBポートを備える

Point
- 周辺機器はLANに直接接続することで利便性が高まる
- LANに直接接続できる周辺機器の選択肢が広がっている
- LANに対応していない周辺機器をLANに直接接続させる機器もある

Section 08 離れた場所のLAN同士を接続するには
WANとVPN

遠隔地にあるLAN同士や、外出先から会社のLANへの接続は、専用線や公衆回線（インターネット）を介して行います。その仕組みと、公衆回線を経由してもセキュリティを保つ技術について説明します。

WANとはどのようなものか

　WANは、LANと対比される概念です。一般的には本社と支社、営業所など、物理的に離れた場所にあるLAN同士を結んで広域に対応したネットワークをWANと呼びます。LANはユーザ自身が構築、運用の責任を負いますが、WANは通信事業者が商用サービスとして提供しており、ユーザはサービスの種類を選ぶことになります。

図1　LANとWAN

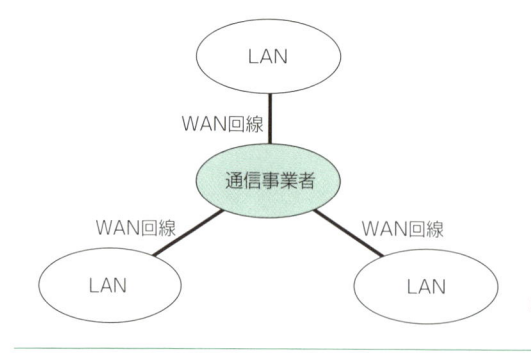

```
        LAN
         |
       WAN回線
         |
      通信事業者
       /     \
   WAN回線   WAN回線
     /         \
   LAN         LAN
```
LANとLANを回線で結ぶとWANになる

　WANの商用サービスには、通信回線を専有できる専用線型のほか、回線共有型のネットワークなどがありますが、いずれも高価な専用機器が必要でした。最近は、同様のサービスをより低コストで実現できる「VPN」というサービスの利用が増えています。

KEYWORD　広域イーサネット

OSI参照モデルの第3層のルータを使うVPNに対し、第2層のLANスイッチを使うWANサービス。L2（Layer 2）レベルのため、IP以外のプロトコルも利用できる。

42

VPNの種類と仕組み

　VPNはVirtual Private Networkの略で、インターネットなどの「パブリック」なネットワーク上に「仮想的に構築されたプライベートなネットワーク」を意味します。ネットワークの経路選択（ルーティング）にインターネットと同じ「IPプロトコル」を使う回線共有型のサービスです。伝送経路として通信事業者が用意する専用のIP通信網を使用するものを「IP-VPN」、インターネットを使うものを「インターネットVPN」と呼びます。通信品質やセキュリティ面ではIP-VPNが優れていますが、コスト面ではインターネットVPNのほうが安価で、小規模ネットワークでも導入が容易です。VPNの同種のサービスとして「広域イーサネット[※]」があります。

図2　VPNのイメージ（インターネットVPNの例）

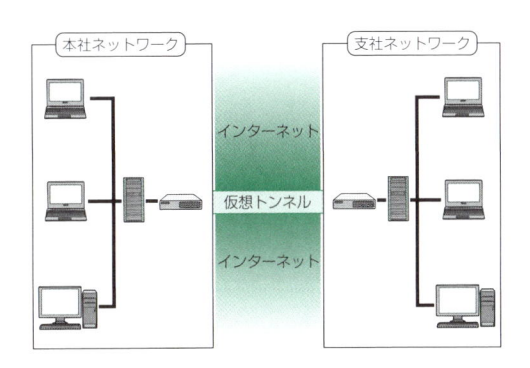

インターネット上の「仮想トンネル」を通ることで盗聴を防ぐ

　低コストが魅力のインターネットVPNですが、途中で盗聴や改ざんが行われないようにする仕組みが必要になります。具体的には、送信元のLANからインターネットに送り出す際に、VPNゲートウェイという装置でデータを暗号化するとともに、特殊な情報を付加する「カプセル化」処理を行います。送信先ではVPNゲートウェイが付加情報を消去して暗号化されたデータを復号（暗号の復元）して元のIPプロトコルのデータに戻します。

　この技術は、インターネット上に第三者がアクセスできない仮想のトンネルを構築するイメージから「トンネリング」と呼ばれます。トンネリング用

KEYWORD　PPTP（Point to Point Tunneling Protocol）、L2F、L2TP（Layer 2 Forwarding）
PPTPはマイクロソフトが開発したプロトコル。Windows系OSに搭載されている。L2Fはシスコシステムズが開発したVPNプロトコルで、L2TPはL2FとPPTPを統合したもの。

43

プロトコルとして、PPTP、L2F、L2TP※などが使われています。また、セキュリティを確保するためにIPSecやSSL※（TLS）などのプロトコルも利用されます。

VPNの利用形態

VPNは、大きく「LAN間接続VPN」と「リモートアクセスVPN」の2つに分けられます。

● LAN間接続VPN

LANとLANを接続するVPNです。どちらのLANもクライアントあるいはサーバになり得ます。また、どちらのLANにもVPNゲートウェイが必要です。専用線などを使う従来型のWANサービスと比べると通信コストを大幅に削減できるため、専用線からVPNへ切り替えるケースが増えています。

図3　LAN間接続VPN

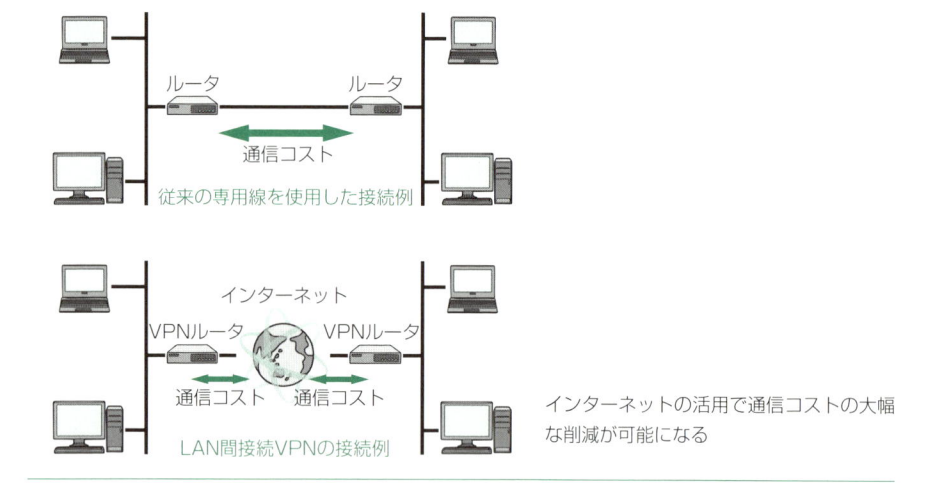

従来の専用線を使用した接続例

LAN間接続VPNの接続例

インターネットの活用で通信コストの大幅な削減が可能になる

● リモートアクセスVPN

営業先、出張先のホテル、自宅などにあるクライアントPCから、会社のLANに接続するVPNです。リモートアクセスVPNを構築すると、会社のサーバに保存されているデータの参照、電子メールで送受信できない大容量

KEYWORD　SSL（Secure Sockets Layer）
インターネット上でデータを送受信する際にデータを暗号化するためのプロトコル。TLS（Transport Layer Security）はSSLの後継仕様だが、知名度から現在もSSLと呼ばれることが多い。

ファイルの転送、会社のPCを遠隔操作するリモートデスクトップ機能などを利用できます。最近では、外出先からインターネットを利用する環境が整ってきたため、リモートアクセスVPNの導入効果は高いと言えるでしょう。

図4 リモートアクセスVPNの接続例

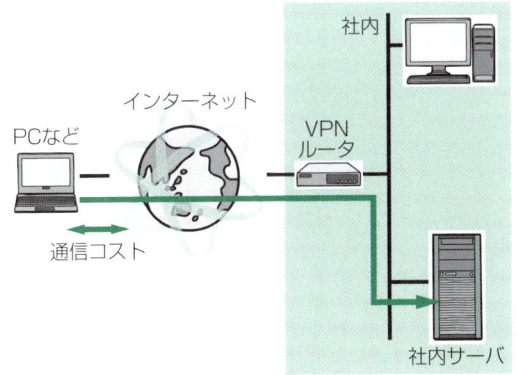

クライアントPCから安全に社内LANに接続できる

　リモートアクセスVPNではクライアントとサーバの関係は固定されています。モバイル利用の多いクライアント側PCでは、一般的に、VPNゲートウェイの代わりに「VPNクライアント」のソフトウェアをインストールし、サーバ側のVPNゲートウェイとの間に「トンネル」を通します。小規模オフィスや自宅のLANにリモートアクセス環境を構築するには、VPNゲートウェイの役割も果たす「リモートアクセス対応ルータ」を導入すると便利です。

■ ASP型サービス

　最近はVPNをアプリケーションサービスとして提供する「ASP (Application Service Provider) 型VPN」も登場しています。必要なハードウェアやソフトウェアはASP側で管理されているため特別な機器を用意する必要がなく、サーバの保守管理、セキュリティ対策なども気にする必要はありません。

Point
- WANにはさまざまな形態のサービスがある
- インターネットVPNを利用すればWANを低コストで実現可能
- リモートアクセスVPNにより自宅や外出先からLANを利用できる

Section 09 インターネットとはどうつながっているの?
インターネットとIPプロトコル

今日のコンピュータネットワークは、インターネットを抜きに語ることはできません。そもそもインターネットとはどういうものなのか。その基本と、LANでも広く使われているIPアドレスについて説明します。

インターネットの構造

インターネットには企業、学校、官公庁、通信事業者、ISPなどの無数のネットワークが接続されています。各ネットワークには管理者がいますが、インターネット全体の管理者はいません。それでも、Webページを見たり、電子メールを送ったりできるのは、決められたルール(プロトコル)のもと、各ネットワークが次々に連携し合ってデータ(パケット)を送受信するからです。

図1 インターネットの構造

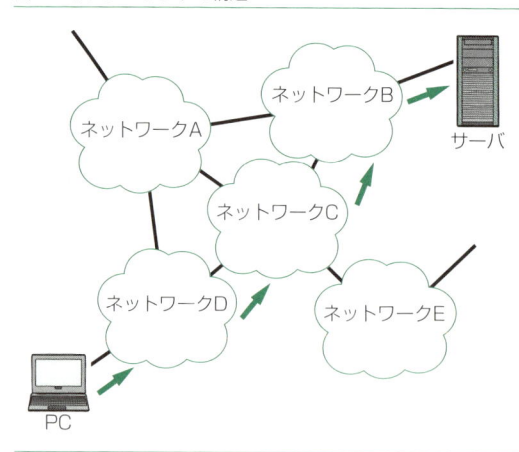

ネットワークが次々と連携してパケットを送受信する

KEYWORD UDP(User Datagram Protocol)
TCPと同じトランスポート層のプロトコル。TCPと比べると、応答確認やエラー処理の機能を持たないため、信頼性は低いものの通信速度は速く、一対多の通信に向いている。

インターネットで使われている「TCP/IP」は実際には複数のプロトコルの集合体で、このうち最も重要なものが「IP」と「TCP」です。両者の役割を大雑把に言うと、「パケットの住所（宛名）の書き方」がIP、「パケットの送り方」がTCPにあたります。送り方には、書留のように到着を確認するTCPのほか、普通郵便のように送り放しの「UDP※」というプロトコルもありますが、宛名の書き方のルールはIPしかありません。IPで取り決められた「住所」が「IPアドレス」です。

IPアドレスの構造

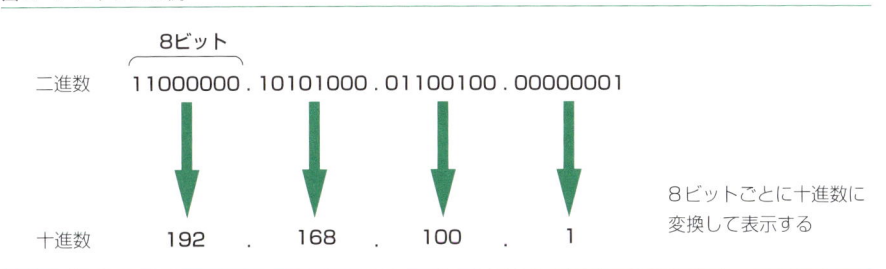

IPアドレスは、世界共通で使われる住所であり、世界中で重複していないことが必須です。インターネットには全体の管理者はいませんが、IPアドレスなどの個別の要素についての管理団体が存在します。IPアドレスの管理主体は「ICANN」という非営利法人で、全IPアドレスを世界の5つの地域レジストリ（RIR※）に割り振り、RIRはそれをさらに国別に分配しています。

IPアドレスは、たとえば「11000000 10101000 01100100 00000001」のように32ビットで構成されたデータです。これではわかりにくいので、通常は8ビットずつをピリオドで区切り、十進数に変換して表します。

図2　IPアドレスの例

	8ビット			
二進数	11000000	. 10101000	. 01100100	. 00000001
十進数	192	. 168	. 100	. 1

8ビットごとに十進数に変換して表示する

インターネットに接続されたコンピュータには、必ずこのようなIPアドレスが付与されています。ただし、インターネットを普通に使っていてIPアドレスを目にすることはあまりありません。ランダムな数字の羅列は人間

KEYWORD RIR（Regional Internet Registry）
5つに分けられた各地域でIPアドレスの管理を行う組織のこと。日本はアジアと太平洋を担当するAPNICの管理下にある。

には覚えにくいため、通常は、IPアドレスに対応して割り当てられる「ドメイン名※」（www.google.comやwww.yahoo.co.jpなど）を使うからです。IPアドレスとドメイン名の対応表は、インターネット上の「DNS※サーバ」に保存されています。WebサイトのURLを入力すると、DNSサーバに自動的に問い合わせが行われ、IPアドレスを取得するようになっています。

図3　DNSサーバの役割

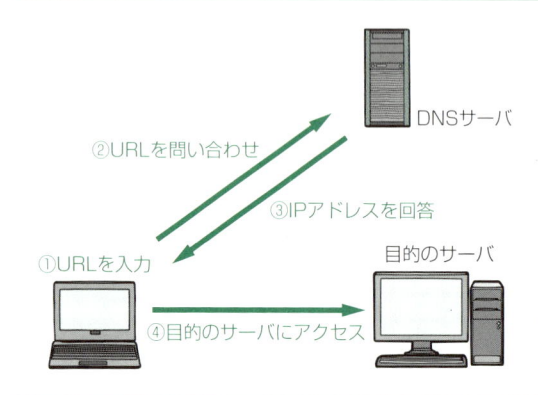

① URLを入力
② URLを問い合わせ
③ IPアドレスを回答
④ 目的のサーバにアクセス

DNSサーバ
目的のサーバ

URLを入力してからサーバに接続されるまでにDNSサーバが介在する

▶ IPアドレスのクラス

　IPアドレスは「ネットワークアドレス」部と「ホストアドレス」部に分けられます。ネットワークアドレスはIPアドレスの管理団体から割り当てられたアドレスで、ホストアドレスは割り当てを受けたISPなどが自社ネットワーク内で自由に割り振ってよいアドレスです。IPアドレスのうち、どこまでをネットワークアドレスとするかによって、通常、クラスA～クラスCに分類されます。表1では、IPアドレスのうちネットワークアドレスを薄い灰色で表しています。色のついていない部分が、ホストアドレスです。

表1　クラスA～クラスCのIPアドレス

クラス※	IPアドレス(8ビット単位)				アドレス数
クラスA	1～127	0～255	0～255	0～255	16,777,216
クラスB	128～191	0～255	0～255	0～255	65,536
クラスC	192～223	0～255	0～255	0～255	256

※他にクラスD、クラスEがあるが、通常使われないので省略

KEYWORD　ドメイン名

ネットワークの区分された領域（ドメイン）の名前。レベルごとにピリオドで区切られる。トップレベルドメインのjpは日本を表し、セカンドレベルドメインのcoは企業を表す。

クラス方式では、8ビット単位でクラスを分けるため、1つのネットワークで持てるIPアドレス数が約1,677万個、約6万5千個、256個の3種類しかなく、柔軟にネットワークを構築できないばかりか、使われないIPアドレスが多数発生するという問題がありました。このため、「サブネットマスク」を可変長にしてIPアドレスを有効に使う「CIDR」が導入されました。

■サブネットマスクとCIDR（Classless Internet-Domain Routing）

　サブネットマスクは、IPアドレスのネットワークアドレス部とホストアドレス部を識別するパラメータです。IPアドレスと同様に32ビット長で、IPアドレスのネットワークアドレスにあたる部分を「1」、ホストアドレスにあたる部分を「0」で構成します。たとえば、クラスCのIPアドレスの場合、サブネットマスクは「11111111.11111111.11111111.00000000」（十進表記では「255.255.255.0」）となります。CIDR方式は、8ビット単位に限定されていたサブネットマスクを可変長にしたものです。たとえば、サブネットマスクが「11111111.11111111.11111111.11100000」（十進表記で「255.255.255.224」）であれば、IPアドレスの先頭から27ビットがネットワークアドレス、最後の5ビットがホストアドレスとなり、ネットワーク内で持てるIPアドレスは2の5乗＝32個となります。このように、CIDRを導入することで、無駄なIPアドレスを大幅に減らすことができます。

　CIDRでは、サブネットマスクに「/」でネットワークアドレスのビット数を追記し、IPアドレスを「192.168.0.0/27」のように表します。

■プライベートIPアドレス

　CIDR方式を用いても、32ビット分しかないIPアドレスを世界中のすべてのネットワーク機器に割り振るのは不可能です。そこで、IPアドレスには、LANなど閉鎖されたネットワークの内部でのみ有効な「プライベートIPアドレス」が用意されています。特にクラスCの「192.168.0.x」は小規模なLANではよく使われています。

　プライベートIPアドレスは、表2の範囲で自由に割り当てられます。これに対し、公的団体から割り当てられるIPアドレスを「グローバルIPアド

KEYWORD　DNS（Domain Name System）
インターネット上で、ドメイン名とIPアドレスの対応を検索するための巨大なデータベース。階層構造になっていて、あるDNSサーバでIPアドレスがわからなければ上位のDNSサーバに問い合わせる。

レス」と呼びます。

表2　プライベートIPアドレス空間

クラス	プライベートIPアドレス
クラスA	10.0.0.0～10.255.255.255
クラスB	172.16.0.0～172.31.255.255
クラスC	192.168.0.0～192.168.255.255

　プライベートIPアドレスではインターネットに接続できないため、グローバルIPアドレスに変換する必要があります。小規模なLANの場合、変換を行うのはインターネットとLANの中継点であるブロードバンドルータです。現在のブロードバンドルータは、「IPマスカレード※」などのアドレス変換機能を標準で備えています。

▶新しいIPプロトコル「IPv6」

　IPアドレスは32ビットなので、個数の上限は2の32乗で約43億個になります。これは、世界の総人口より少ない数であり、1人で複数のPC、携帯電話、モバイル端末などを所有することを考えればまったく足りません。

　「IPアドレスの枯渇」は20年以上前から問題視されており、解決策として「IPv6」（IPバージョン6）と呼ばれる新しいプロトコルが考案されました。IPv6と区別する場合は、従来のIPアドレスを「IPv4」と呼びます。

　IPv6では、IPアドレスが128ビットに拡張されました。128ビットは32ビットの4乗なので、約43億の4乗＝約340澗個（340兆の1兆倍の1兆倍）という事実上無限のIPアドレスをサポートしています。また、セキュリティ機能（IPsec）の搭載、IPアドレスの自動設定、マルチキャスト機能など、IPv4からの改良点も数多くあります。IPv4とIPv6には互換性はありませんが、図4のような技術によりIPv4との共存が進んでいます。

　IPv4のアドレスは2011年中には枯渇する可能性が高まっており、IPv6の商用サービスを導入済みか、導入を検討しているISPが増えています。これからソフトウェアやハードウェアを導入する場合は、IPv6に対応しているかどうかも重要なポイントとなります。

KEYWORD　IPマスカレード

NAPT（Network Address Port Translation）とも呼ぶ。複数のPCから同時にインターネットを利用するために、プライベートIPアドレスをグローバルIPアドレスに変換する機能。

図4 IPv4とIPv6の共存

デュアルスタック：IPv4とIPv6の両方の機能を搭載して使い分ける

トネリング：IPv6をカプセル化してIPv4ネットワークを通す

トランスレーション：IPv4とIPv6をトランスレータで相互変換する

トランスレータ

デュアルスタック、トンネリング、トランスレーションなどの技術を利用してIPv4とIPv6を共存させる

● IPアドレスとMACアドレスの違い

　世界中で重複しないアドレスというと、IPアドレスの他にMACアドレスがあります。両者の役割を実際の荷物にたとえて説明しましょう。

　IPアドレスは、送り先の住所が記載されていて、相手先に届くまで変わりません。これに対しMACアドレスは、荷物を送り届ける次の中継地点の住所が記載されます。たとえば荷物が、受付→集荷場→トラックターミナル→空港を経由して送り先に運ばれる場合、受付から発送される際のMACアドレスは「集荷場」、集荷場からは「トラックターミナル」、次は「空港」と次々書き換えられていきます。これがIPアドレスとMACアドレスの違いです。

Point
- 全世界のIPアドレスは重複しないよう管理されている
- グローバルとプライベートの2種類のIPアドレスがある
- 事実上無限のIPアドレスを持つIPv6への移行が進んでいる

Section 10 インターネット接続にはどんな手段があるの?

ブロードバンド接続の種類

LANからインターネットへの接続には、FTTH、ADSL、CATVなど「ブロードバンド」と総称される回線が使われます。主要な3種類のブロードバンド回線について、特徴や現状を説明します。

ブロードバンド接続の現状

　ブロードバンドは「広い（周波数）帯域」を意味する用語でした。現在では高速な通信回線、特にインターネットに接続する回線を指して使われることが多くなっています。

　ブロードバンドに明確な定義はありません。2011年7月現在では、通信速度がおおむね128Kbps程度までをナローバンド[※]、512Kbps以上をブロードバンドと呼ぶことが多いです。

　ブロードバンド接続は、一部でWiMAX（ワイマックス）[※]など無線を使ったサービスが利用されているものの、ほとんどはFTTH、ADSL、CATVの3方式によるものです。総務省の統計によれば、2010年6月時点で日本のブロードバンド接続全体の契約数は約3,355万に達し、このうちFTTHが約1,857万、ADSLなどDSLが約936万、CATVが約539万となっています。

　当初は、激しい価格競争が繰り広げられたADSLが急伸し、2004年にはブロードバンド接続全体の約7割を占めていましたが、その後FTTHへの移行が進み、2010年時点ではFTTHが過半数になっています。

　現在、主要なインターネット接続を表1に示します。表1の通信速度は最大理論値で、環境やサービス種別により実効速度が遅くなります。

KEYWORD ナローバンド
ブロードバンドに対し、アナログ公衆電話網を利用したダイヤルアップ接続などの低速の通信回線のこと。

表1 インターネット接続の種類

タイプ	種別	具体例／事業者など	通信速度（下り・理論値）
ナローバンド	ダイヤルアップ	アナログ回線（公衆電話網）	56Kbps
		ISDN（デジタル通信網）	128Kbps
ブロードバンド	ADSL	ソフトバンクBB、イー・アクセス、NTT西日本/東日本など	～50Mbps
	CATV	J-COM、JCNなど	～160Mbps
	FTTH	NTT東日本/西日本、KDDI、ケイ・オプティコム等	～1Gbps

図1 ブロードバンドサービスの契約数（2004年以降）

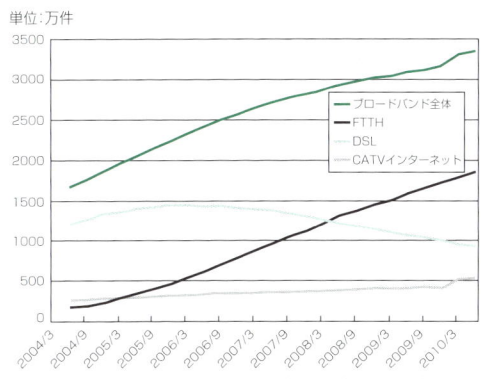

FTTHの伸びがブロードバンド全体を押し上げている

＊総務省の統計資料をもとに作成。CATVが2010年3月に急増しているのは一部事業者の集計方法の変更による。

ADSL、CATV、FTTHの概要

　ブロードバンド接続の実質的な選択肢であるADSL、CATV、FTTHの各方式について説明します。この中で使われる「上り」「下り」という表現は、インターネットからユーザ側へのデータの流れ（ダウンロード）が下り、ユーザ側からインターネットへの流れ（アップロード）が上りです。一般的には、下り（ダウンロード）の需要が圧倒的に多くなります。

● ADSL（Asymmetric Digital Subscriber Line）

　非対称デジタル加入者線といいます。電話回線を利用して高速通信を行う

KEYWORD　WiMAX（Worldwide Interoperability for Microwave Access）
モバイル通信向けの無線通信によるブロードバンド通信方式で、IEEE 802.16で規格化されている。下り最大約40Mbpsの高速な通信が可能で、距離は10kmをカバーしている。

技術群「xDSL[*]」の1つです。ADSLの「A」(非対称)は、上りと下りの速度が異なることを意味し、需要の多い下り方向が上り方向より数倍速くなっています。現在、ソフトバンクBB (Yahoo!BB) やイー・アクセスの「下り最大50Mbps」など、数十Mbpsのサービスが増えています。

図2　DNSサーバの役割

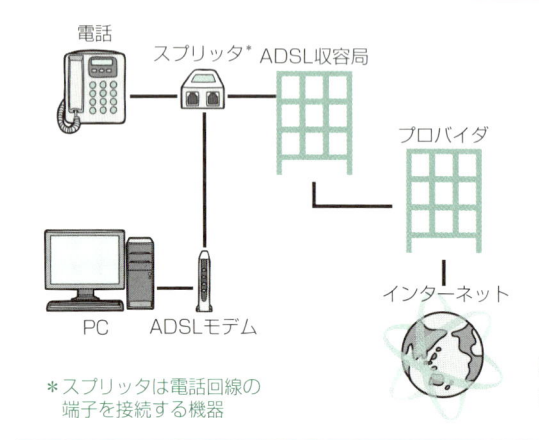

電話
スプリッタ*　ADSL収容局
プロバイダ
PC　ADSLモデム
インターネット

＊スプリッタは電話回線の端子を接続する機器

URLを入力してからサーバに接続されるまでにDNSサーバが介在する

　ADSLは、下りはそこそこ速く、既存の電話回線を使うために設置が簡単で月額利用料金も安いことから、手軽に導入したい場合には最適です。ただし、上り速度は数Mbps程度なので写真や動画を頻繁にアップロードする業務には向きません。また、電話回線を使うためノイズに弱く、通信距離が通信速度に大きく影響し、電話局から数kmの範囲までしか実効速度が出ません。導入場所でどれくらいの速度が期待できるかを事前に確認する必要があります。

▶ CATV

　ケーブルテレビ (CATV) 事業者が提供するサービスで、CATV用の光ファイバや同軸ケーブルが伝送線に使われます。地域ごとに事業者が決まっていて、インターネットサービス提供の有無を含め、サービス内容は地域によって異なります。利用料金はFTTHと同レベルですが、ケーブルテレビや電話の同時利用によるセット料金が主流となっています。事業者の中には、下

KEYWORD xDSL
ADSL以外に、上りと下りの速度が同じであるSDSL、通信距離は短いが高速で集合住宅のFTTHの末端で使われるVDSLなどがある。

り最大160Mbps、上り最大10Mbpsと、下りはFTTH並みの非対称サービスを提供しているところもあり、ADSLのような距離による減衰はありません。ただし、利用場所がCATVのサービスエリア内か確認が必要です。

■ FTTH（Fiber To The Home）

光ファイバケーブルを使った家庭や小規模オフィス向けのブロードバンドサービスです。2011年7月現在、2社合計でほぼ75％のシェアを持つNTT東日本とNTT西日本のほか、KDDI、ケイ・オプティコム、UCOMなどがサービスを提供しています。

図3 FTTHの概念図

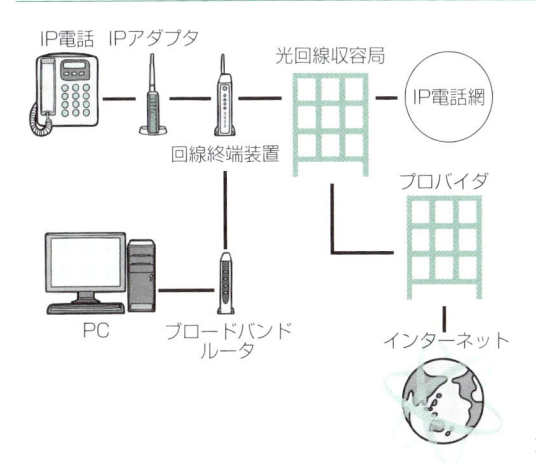

```
IP電話  IPアダプタ   光回線収容局
                              ─── IP電話網
        回線終端装置
                      プロバイダ
PC    ブロードバンド
       ルータ      インターネット
```

1つの光回線を複数の加入者で共用する方式もある

FTTHは、最高100Mbps～1Gbpsと圧倒的に高速であり、速度も安定しています。上りと下りの速度は基本的に同じであり、アップロードの多い業務には最適です。ただ、光ファイバケーブルは取り扱いが難しく、専門知識も必要であるため、設置や接続は業者任せとなります。月額利用料金もADSLと比べると割高です。2015年までに全世帯に超光速通信を普及させる「光の道」構想により、今後の価格の値下がりを期待したいところです。

Point
- ADSLは導入のしやすさと価格の安さが魅力
- CATVはサービスエリア内なら検討に値する
- 高速のFTTHは快適性では群を抜く

Section 11 メールの送受信はどうやって行われるの?

電子メールの仕組み

電子メールは、ビジネスでもプライベートでも、今や不可欠のツールです。どのような手順で相手先に届くのか、その仕組みとプロトコル、メールの送受信を行うために必要なソフトウェアについて説明します。

電子メールの送受信の仕組み

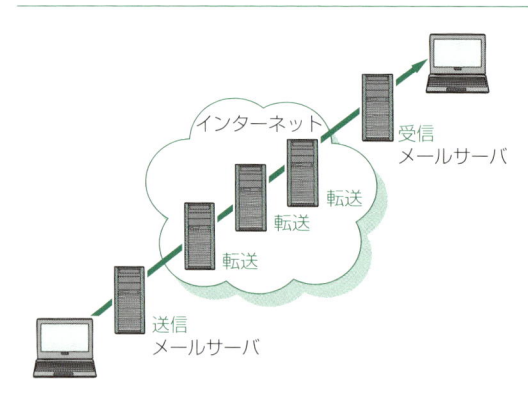

メールの送受信も、インターネット上の多くのサーバが連携することで実現します。電子メールを扱うサーバには、「送信メールサーバ」と「受信メールサーバ」があり、まとめて「メールサーバ」と呼びます。送信と受信のメールサーバは、同一のコンピュータである場合も、異なるコンピュータが使われる場合もあります。

図1 電子メールの送受信

いくつものメールサーバが連携してメールを送受信する

メールはよく「郵便」にたとえられますが、さらにメールサーバを「郵便局」にたとえると、メールの仕組みを理解しやすくなります。企業、官公庁、学校、ISPなどのネットワークからユーザがメールを送信すると、ネッ

KEYWORD POPとIMAP

POPはメールをダウンロードするとメールサーバ内のメールが削除される。IMAPはメールサーバに残るため、メールサーバ上でのメールの管理に使われていた。現在ではメールを残せるPOPサーバもある。

トワーク内の送信メールサーバに送られます。これは、ポストに投函された郵便が地元の郵便局に集められた状態です。送信メールサーバは、メールの宛先（メールアドレス）を確認して、同一ネットワーク内または他のネットワーク内の受信メールサーバにメールを転送します。実際の郵便が、宛先が遠ければいくつかの郵便局を経由して送られるのと同様に、メールも途中で複数のメールサーバを経由して送られます。

　実際の郵便は、自宅の郵便受けまで届けられますが、電子メールは自動的にユーザのPCまで届きません。メールは宛先の受信メールサーバにある「メールボックス」に保存され、ユーザはここから自分でダウンロードする必要があります。いわば、郵便局に置かれた「私書箱」に、鍵（身分証明）を持って郵便を受け取りに行くようなものです。

図2　郵便と電子メール

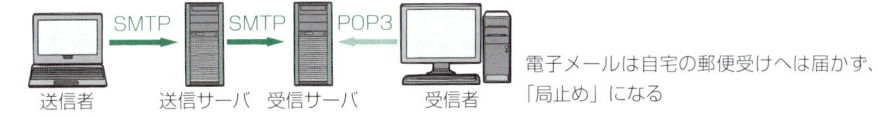

電子メールのプロトコル

　Webページ閲覧におけるHTTPと同様、電子メールの送受信でもTCP/IP上のプロトコルが用いられます。メールの送信には「SMTP」、ユーザの認証とメールの受信には「POP※」または「IMAP※」が使われます。このため、送信メールサーバを「SMTPサーバ」、受信メールサーバを「POP（ま

KEYWORD　MUA（Mail User Agent）
電子メールソフトの総称。なお、メールサーバで転送を行うソフトウェアをMTA（Mail Transfer Agent）という。

たはIMAP) サーバ」と呼ぶこともあります。

■ SMTP (Simple Mail Transfer Protocol)

メールを転送するだけの単純な構造で、当初はユーザ認証機能を持ちませんでした。しかし、迷惑メールやウイルスメールに悪用される一因となるため、SMTPでメールを送信する前にPOPで受信を実行する「POP before SMTP」や、SMTP自体に認証機能を持たせた「認証SMTP (SMTP-AUTH)」が多くのサーバで使われています。

■ POP (Post Office Protocol)

最も広く使われている受信プロトコルで、ユーザ名とパスワードによるユーザ認証を行い、メールボックスからメールをダウンロードします。現在のバージョンは「POP3」です。

■ IMAP (Internet Message Access Protocol)

メールをダウンロードするほか、サーバ上に残したまま管理することができます。複数のPCでメールを見たい場合などに便利ですが、オフライン時には受信したメールを確認できず、サーバ側の負荷はPOPより大きくなります。現在のバージョンは「IMAP4」です。

図3　SMTPとPOP/IMAP

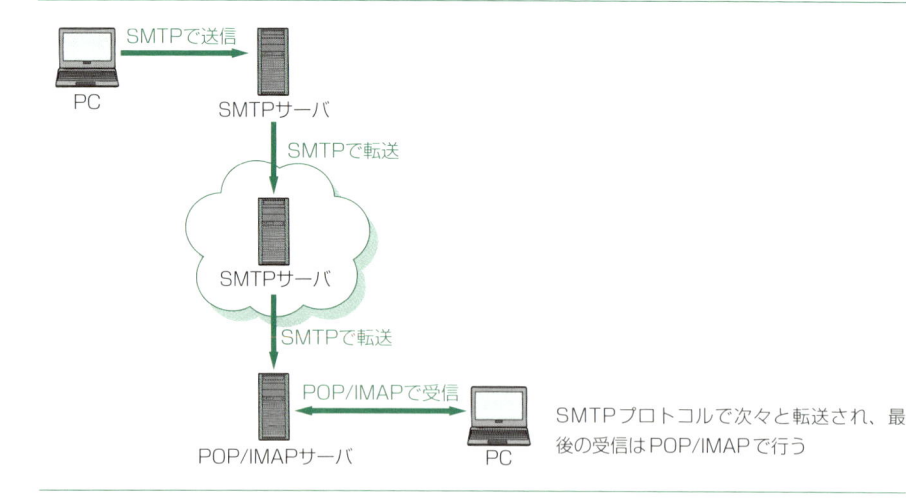

PC → SMTPで送信 → SMTPサーバ → SMTPで転送 → SMTPサーバ → SMTPで転送 → POP/IMAPサーバ → POP/IMAPで受信 → PC

SMTPプロトコルで次々と転送され、最後の受信はPOP/IMAPで行う

KEYWORD フリーメール

ISPなどの有償サービスに加入しなくても利用できる無償のメールサービス。利用者の匿名性が高いため、フリーメールのアドレスからの接続を拒否するなどの制限を設けているサイトも多い。

58

メールの送受信に必要なもの

　電子メールを利用するためには、ユーザ側でメールサーバへのアクセス権を取得し、電子メールソフトをインストールしておく必要があります。メールサーバへのアクセス権とは、具体的にはメールアカウントとメールボックス用の領域（メールを保管するためのハードディスク領域）です。

　メールの送受信には、宛名にあたる「メールアドレス」が使われます。メールアドレスは、一般に「アカウント@ドメイン名」の形式となります。SMTPが「@」から右のドメイン名をDNSサーバに問い合わせてサーバのIPアドレスを取得する仕組みは、Webサイトの場合と同様です。

　電子メールソフトは、「メーラー」「電子メールクライアント」「MUA※」などとも呼ばれ、PCにインストールして使うものと、Webブラウザを利用するものに大別できます。代表的なものとして、前者にはOutlook Express、Windows Live Mail、Mozilla Thunderbirdなど、後者にはGmail、Yahoo!メールなどがあります。メールの受信に必要なメールアカウントとパスワードの設定、送信／受信サーバの指定などは、通常電子メールソフト上で行います。

Webメール

　Webメールは、専用のメールソフトを使わず、Webブラウザだけでメールを送受信するしくみです。「ブラウザメール」とも呼ばれます。SMTPサーバやPOPサーバなどの細かい設定を行う必要がないため、主にフリーメール※サービスで利用されてきました。近年では、メールをサーバ側で管理できること、Webブラウザさえ使えれば携帯電話などでもメールを送受信できることなどのメリットから、企業でも導入する事例が増えています。

Point
- 電子メールは、メールサーバの連携で送受信される
- 電子メールの送信にはSMTP、受信にはPOP3またはIMAP4が使われる
- メールソフト不要のWebメールの利用も増えている

次世代インターネットの現状
インフラ整備は進むが応用はこれから

　NGI（Next Generation Internet）とも称される次世代インターネットは、もともと1998年に米国政府が発表した「NGI実行計画書」で推進されたプロジェクトです。その目的は、より高速なインターネット回線で米国政府の研究機関や学校などを接続することにあり、高速に伝送できる通信機器などの基盤の開発とインフラの整備が中心でした。

　それから十数年を経た今日、世界中でNGI構想のハード面が実現しつつあります。しかし、ソフト面の応用はまだ模索段階と言えるでしょう。それでも、2010年頃からスマートフォンとGPS機能を応用し、「今いる場所でお勧めのレストランを探してくれる情報サービス」など、新たなチャレンジが始まっています。このように、さまざまな情報端末が社会基盤のサービスと連携することで、大きな市場を形成していくことが期待されています。

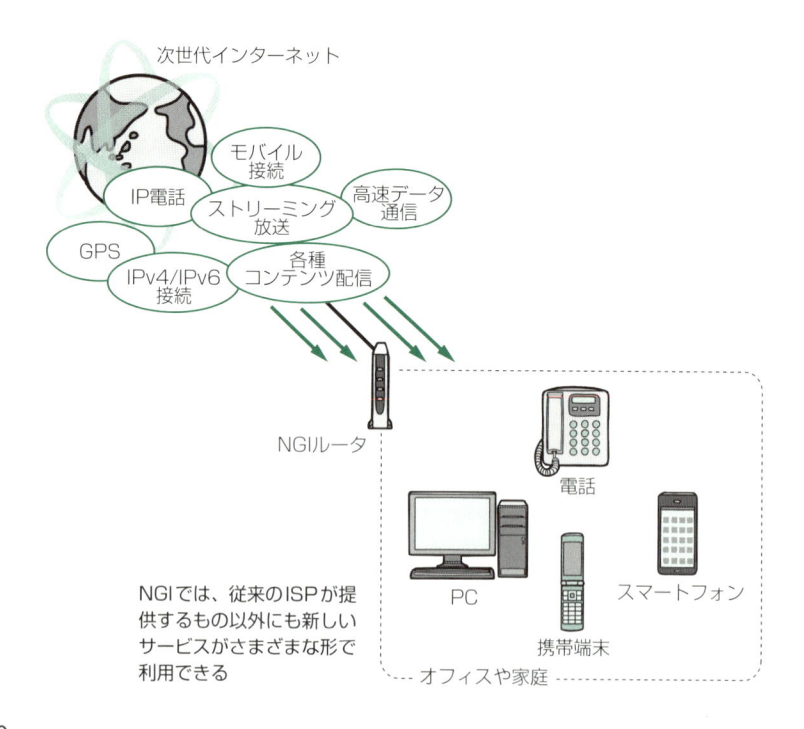

NGIでは、従来のISPが提供するもの以外にも新しいサービスがさまざまな形で利用できる

第2章
ネットワークを構築するために必要なこと

12　ネットワークの構築に必要なことは？
13　ネットワークの利用目的を整理する
14　利用目的に合ったネットワークを考える
15　ネットワークに必要な機器を選ぶ
16　利用目的に合わせたPCの使い分けを考える
17　ネットワーク構築の計画を立てる
18　ネットワークを構築する際の注意点

Section 12

ネットワークの構築に必要なことは?

ネットワーク構築のフロー

ネットワークを構築するには、利用目的を整理し、必要な機能および性能を明確にして構築計画を立てます。ネットワーク構築作業のフローを作成することで、作業を効率化し、運用開始後のトラブルを減らすことができます。

ネットワーク構築作業のフロー

ネットワーク構築作業のフローは、大まかに次のようになります。

ネットワークの利用目的を整理する(Sec.13)	・ネットワーク利用の目的の整理 ・全体最適化を考えた現場へのヒアリング
利用目的に合ったネットワークを考える(Sec.14)	・利用可能な通信回線 ・有線LAN、無線LAN ・拠点間接続
ネットワークに必要な機器を選ぶ(Sec.15)	・有線LANと無線LANに必要な機器の選択 ・ルータやハブ
利用目的に合わせたPCの使い分けを考える(Sec.16)	・クライアントの検討 ・サーバの検討
ネットワーク構築の計画を立てる(Sec.17)	・構築と運用のガイドラインの作成 ・レイアウトの決定 ・コストの計算

　ネットワークは、ユーザやハードウェアが増えればそれだけ複雑な環境になります。また、ユーザやハードウェアの数にも比例して複雑になり、システムの環境やユーザの使い方も日々変化します。発生するトラブルも簡単なものから解決に時間のかかるものまでさまざまです。そのため、ユーザが使いやすいネットワークをハードウェア、ソフトウェアの両面から考えましょう。

ネットワーク運用時のトラブルを回避するために

　ネットワークを構築して運用することで、業務効率の向上など多くのメリットを得られます。しかし、同時に、次のような予期しなかったトラブルにも遭遇し、結果としてネットワーク管理者の負担やコストの増大を招くこともあります。

・サーバやインターネットへのアクセスが不安定
・処理速度が想定より遅い
・設定が勝手に変更される
・外部から侵入の形跡が見られる

　運用を開始して初めてわかるトラブルもあり、設定や運用の変更で改善していくことになります。しかし、ほとんどのトラブルは、ネットワーク構築の準備を周到に行うことで回避できます。たとえば、動作の不安定化やネットワークの遅延は、必要なネットワーク規模や現場の状況を事前に把握し切れなかったことが一因です。また、設定の勝手な変更や外部からの侵入は、ユーザ教育の不徹底、運用ガイドラインの未整備、メンテナンス体制の不備、セキュリティ対策の不足などが原因として考えられます。

　トラブルを最小限に抑えるには、ネットワーク構築作業のフロー化が有効です。ネットワークの設計から運用開始までの作業を数段階に分け、あらかじめ各段階における重要事項と問題点を洗い出すことで、ネットワーク運用時の注意点も自然と浮かび上がってくるため、効率的に必要な作業を実施できます。

Point
- ネットワーク構築の作業フローを理解する
- ネットワーク運用開始後に初めてわかるトラブルもある
- ネットワーク構築作業のフローを作成し、トラブルの原因をなくし、作業の効率化を図る

Section 13 ネットワークの利用目的を整理する
全体最適化を考えて現場へヒアリング

ネットワークを構築するには、ネットワークをどのように利用するのかを明確にし、利用目的を整理します。全体最適化を考え、現場にネットワーク利用に関するヒアリングを行うことが重要になります。

ネットワーク利用の目的を明確化

ネットワークを構築する主要な目的には次のようなものがあります。
- 業務の効率化
- 意思決定の迅速化
- 情報共有の高度化
- 機器やソフトウェアの効率利用
- 情報収集の強化
- 社内または社外メンバーとのコミュニケーションの円滑化

限られた予算で、利用目的に沿ったネットワークを構築するには、現場のユーザに対してヒアリングを実施し、その結果をもとに次の事項を検討します。

- ネットワークの規模：各部署でネットワークを利用するユーザ数、PCや機器の数、使用時間帯、データ量を調査して規模を割り出す
- モバイル機器の利用：無線LANが必要かどうかを検討する
- 遠隔地からの利用：専用線やVPNの使用を検討する
- データ共有：ネットワーク上でのデータ共有方法を検討する
- リソース共有：プリンタなどのリソースを共有する方法を検討する
- インターネットの利用：業務上での必要性を整理し、運用方法、プロキシサーバの導入、セキュリティ対策などを検討する
- Webサイトの運営：WebサーバやWebページを作成するアプリケーショ

KEYWORD 全体最適化
システムや組織を構成する部分ではなく、全体を最適化すること。ネットワーク構築では、必要な機器やソフトウェアに関して各業務に共通する最低限の使用を決定し、それを基準としてどこまでの仕様が必要かを検討する。

ン、運営方法、セキュリティ対策などを検討する

これ以外にもネットワークをどのように運用するか、セキュリティはどのように確保するかについて検討します。

現場へのヒアリングの重要性

現場のユーザには、ネットワークの利用目的とともに、実務でどのようにPCや周辺機器を活用しているかについても調査します。「営業部門では始業後1時間にアクセスが集中」「技術部門では終日大容量のデータを転送」など、部署ごとの傾向を確認し、ネットワークに必要な性能を把握します。ネットワークを使うユーザ数、PCや周辺機器の数、使用時間、データ量などをヒアリングし、全体最適化※を計画します。個人情報や社内情報を扱う部署と業務を洗い出し、どの程度のセキュリティ管理が必要かを明確にします。

目指すは「全体最適化」

ネットワークは、業務全体の生産性を改善するシステム基盤です。しかし、中には、必ずしもうまく機能しているとは言えない事例も見られます。
・最新の機器やソフトウェアを導入したが、実際にはそれほど使われていない
・高度なセキュリティシステムを導入したが、複雑すぎて使いこなせない

こうならないために、ネットワークを導入する目的や効果を文書化し、「全体最適化」の発想で、組織内の全員が理解できる仕組みと運用が求められます。

図1　社内での全体最適なネットワーク（業務ごとに異なる要求を最適化）

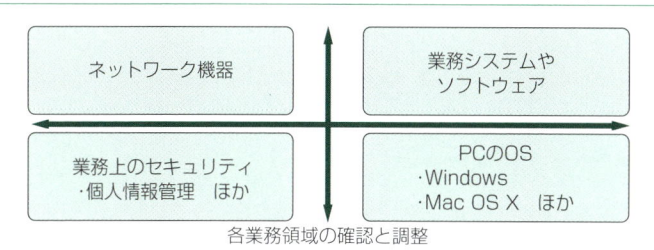

ネットワーク機器	業務システムやソフトウェア
業務上のセキュリティ ・個人情報管理　ほか	PCのOS ・Windows ・Mac OS X　ほか

各業務領域の確認と調整

社内のネットワークを全体最適化するため、業務ごとに異なる要求を整理する

Point

- ネットワークの利用目的を整理し、ネットワークの規模、データやリソースの共有などを検討する
- 現場でのヒアリングを通してPCやデジタル機器の活用状況を調査し、意見を吸い上げることが重要
- ネットワーク導入の目的や効果を文書化し、「全体最適化」の発想で仕組みと運用を検討する

Section 14 利用目的に合ったネットワークを考える
ネットワーク形態の検討

利用目的の整理に続いて、ネットワーク形態を決定します。利用可能な通信回線を調査し、無線LANや拠点間接続は必要性、セキュリティの程度などを検討します。

利用目的に沿ったネットワーク形態の検討

利用目的を整理したら、利用可能な通信回線を調査したうえで、有線LANおよび無線LANの導入、拠点間接続などを検討し、どのような形態のネットワークを構築するかを決定します。

▶施設で利用可能な回線や電源状況の調査

建物の構造、電話やブロードバンドなどの通信回線、電源状況の安定度などを調べます。詳細は、ビル管理事業者に問い合わせましょう。このとき、光ケーブルの設置などの今後の動向について問い合わせることも重要です。

▶有線LAN、無線LAN、電力線通信の検討

ネットワークの基本は有線LANです。PC、ハブ、ルータ、周辺機器などの構成要素をどこに配置するかレイアウトを検討します。ケーブルの配線の難易度、モバイルの利用頻度、セキュリティの重要度などを考慮し、無線LANの一部（または全面的）導入、電力線通信の利用なども検討します。

▶拠点間接続の検討

オフィスが複数のフロアや別の建物に分かれている場合、拠点間をつなぐネットワークが必要です。通信距離やデータ容量などを考慮して、十分なパフォーマンスを発揮できるようにスイッチの効率的な配置を計画します。

また、本社や支社のように、遠く離れた場所にオフィスがある場合は、専用線やVPNの利用を検討します。

KEYWORD 情報セキュリティマネジメントシステム（ISMS）
企業において情報セキュリティに取り組むためのシステム。情報セキュリティ管理のための体制や方法を文書化し、PDCAサイクルに沿って継続的に改善しながら運用する。JIS Q 27001などで規格化されている。

■ネットワークに必要なパフォーマンスの検討

　PCの台数、業務時間帯のピーク時、業務で取り扱うデータの種類などをあらかじめ調べておき、ピーク時に最大でどの程度のパフォーマンスが必要となるかを計算します。電子メール、Webサイトの閲覧、ビジネスソフトのデータ共有やダウンロードなどの一般的な利用に加え、動画や高精細の画像、大量のプログラムなど、大容量データのダウンロードが多い部署では、事前にユーザへのヒアリングを綿密に行い、パフォーマンスが低下することがないようにしっかりと計算を行います。

■その他の検討事項

　それ以外にも次のような項目について検討を行います。
・セキュリティの強化
・通信障害の発生時に予備回線に切り替わる冗長性
・運用管理者のスキルアップと負荷軽減
・障害発生時の自動検知などの対応レベル

セキュリティの重要性

　個人情報保護法の施行以降、プライバシーマーク制度や情報セキュリティマネジメントシステム（ISMS）※が重視される傾向にあり、個人情報を扱うオフィスでは、セキュリティ管理の重要性がさらに高くなっています。建物の物理的な侵入経路から、通信機器の設定、ネットワークの運用ルール、ユーザ教育に到るまで、事前にしっかり検討します。

　たとえば、「サーバ機器へのアクセス制限」「サーバの管理体制の強化」「暗号化による安全性の向上」などの対策が必要です。日進月歩で進化する情報通信技術に対応するには社内だけでは限界があることや、第三者による監査の重要性も踏まえて、外部のセキュリティ診断サービスを利用する方法も考えます。

Point
- 利用可能な通信回線を調査し、有線LAN、無線LAN、拠点間接続などのネットワーク形態を決定する
- ユーザが扱うデータの種類や容量、時間帯に基づき、ネットワークのパフォーマンスを検討する
- セキュリティ対策を検討することが重要

Section 15

ネットワークに必要な機器を選ぶ
有線LANと無線LANに必要なもの

ネットワーク構築にはさまざまな機器が必要になります。ここでは有線LANのケーブル、無線LANのアクセスポイント、LANの中核となるルータやハブを選ぶ際の注意事項を説明します。

有線LANのケーブル長と配線

現在、有線LANではUTPのLANケーブルが一番多く使われており、PCショップや一部のコンビニで購入できます。長さも30cm程度から200m以上まで選べます。むやみに長いLANケーブルはネットワークのレスポンスの低下やデータ転送速度の不安定化など、思わぬ障害の原因になります。

配線はLANの規格に従って行います。たとえば、100BASE-TXではハブとコンピュータの間は総延長で最大100m、ハブとハブの間は最大5mと決められており、図1のように配線します。

意外と便利な電力線通信

実際のオフィスでは、壁や棚など建物の構造や部屋のレイアウトにより、LANケーブルの配線が困難な場合があります。このような場合、電力線を通信回線として利用するPLC※（高速電力線通信）を利用できます。

PLCでは、30MHz前後の周波数で最大200Mbps程度の通信速度が得られます。小規模であればインターネットへのアクセスなども無線LANより高速な場合が多いです。PLCを利用する場合は、まずアクセスポイントである親機を電気の配線コネクタ※に接続して親機モードで起動させ、同じ配線コネクタの別のコネクタにアダプタである子機を差し込み、親機と子機を認識させます。その後は、子機を室内の他の電力線コネクタに接続します。

KEYWORD PLC（Power Line Communication）
PLT（Power Line Telecommunication）とも呼ぶ。電力線を通信回線として利用し、どの部屋にもある電源コンセントに機器を差し込んでネットワークを構築する技術のこと。

図1 LANケーブルのレイアウトの例

100BASE-TXまたは1000BASE-Tの場合　5m以下　ハブは2台まで
100m以下　ハブ　100m以下　PC

ルータ、スイッチングハブ、ハブの組み合わせ
ルータ
スイッチングハブ
ハブ
PC

LANケーブルの配線、長さ、レイアウトなどの例を示す

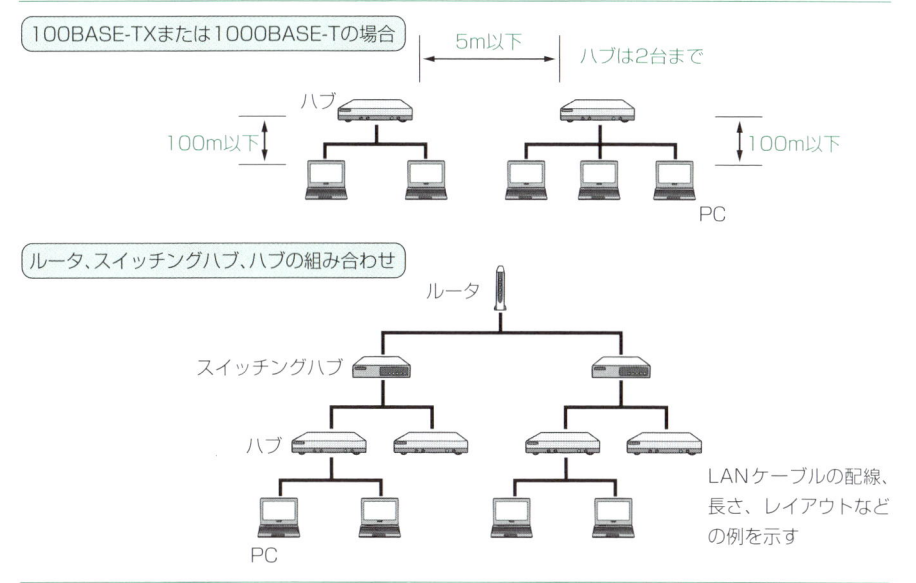

図2 PLCの配電盤とレイアウトの概要

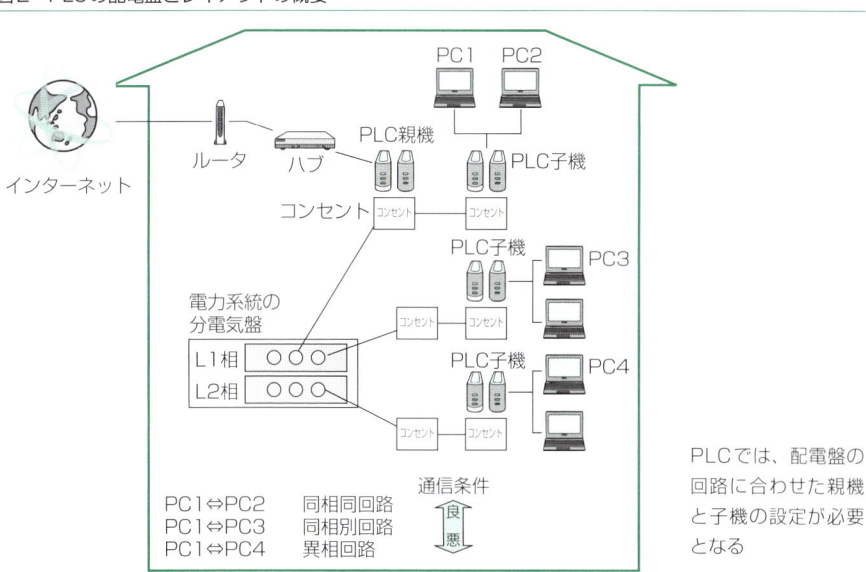

PC1　PC2
インターネット　ルータ　ハブ　PLC親機
コンセント　コンセント　コンセント　PLC子機
PLC子機　PC3
電力系統の分電気盤
L1相　○○○
L2相　○○○　コンセント　コンセント
PLC子機　PC4
コンセント　コンセント
通信条件
PC1⇔PC2　同相同回路　良
PC1⇔PC3　同相別回路　悪
PC1⇔PC4　異相回路

PLCでは、配電盤の回路に合わせた親機と子機の設定が必要となる

KEYWORD コネクタ

PCと周辺機器、ネットワーク上の通信機器をケーブルで接続する際に用いる回路や部品の総称。通信用として、電話回線との接続用にはRJ-11、LAN（イーサネット）用にはRJ-45などの規格がある。

PLCの注意点として、電力線をLANケーブルとして使用するため、電力線の回路が1つに限られることがあります。電力線には必ずブレーカが付いた配電盤があり、その配下の電力線のみPLCが稼働します。

無線LANのアクセスポイントとセキュリティ

　無線LANは手軽に運用できる半面、ケーブルでつながれた有線LANのように接続されている機器の台数を視覚的に判断できないため、無線LANを管理するソフトウェアで接続状況を監視する必要があります。アクセスポイントが混雑しているようであれば、接続台数やデータ量なども考慮して複数のアクセスポイントを用意します。無線LANでは、特定のアクセスポイントにトラフィックが集中しないようにアクセスを分散させる製品もあり、有線LANに匹敵するパフォーマンスを期待できます。

　ただし、無線LANの情報は電波で伝わるので、誰でも盗み見ることができます。ユーザやコンピュータの接続制限、接続する際のパスワードの設定、無線データの暗号化などのセキュリティ対策が必須となります。もし、これらの設定やソフトウェアの更新などが手間になる場合は、専門業者へ作業を依頼するか、有線LANでネットワークを構築するように計画します。

図3　無線LANの機器構成

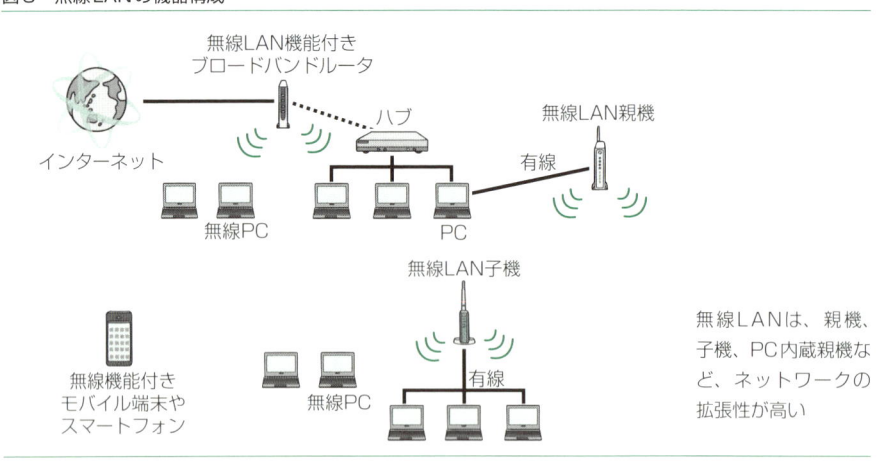

無線LANは、親機、子機、PC内蔵親機など、ネットワークの拡張性が高い

KEYWORD フィルタリング
液体などを濾過するフィルタと同義で、インターネット上の情報を条件に応じて選別し、迷惑メール、有害コンテンツの閲覧、不正侵入などを制限、遮断する機能のこと。

また、無線LANのアクセスポイントの機能を標準装備しているPCには注意が必要です。部外者にインターネットを無断で使用されたり、ネットワークに侵入される危険があるので、社内でネットワークの運用ルールを明確にして周知に努めるとともに、管理者は無線LANを管理するソフトウェアを使って、随時接続状況などを確認する必要があります。

大容量のデータやプログラムを頻繁にやり取りし、10人以上が同時にインターネットを使用する場合は、速度と安定性の両面から見てあえて無線LANを導入せず、有線LANにしたほうが有利です。映像データなどを取り扱う場合は、ギガビットイーサネット対応の高速な有線LANが適しています。データ量はネットワーク構築で大事な項目であり、検討段階では、実際にネットワークを利用するユーザに関するヒアリングが大切になります。

ルータの選び方

有線LAN、無線LAN、または両者が混在する環境など、いずれの形態のネットワークでも、社内のネットワークと外部のインターネットを接続するゲートウェイの役割を果たすルータが必要です。ルータを選ぶうえでは、インターネットを業務にどう利用するかが重要な判断材料になります。

▶フィルタリング機能

インターネットで仕事に関係する情報を探していたつもりが別の情報にアクセスしてしまい、時間が経ってしまった経験は誰もが持っているでしょう。このような時間は、企業の業務効率、生産性にマイナスに影響することは明らかであり、利用のルール化やアクセス制限が必要です。

小規模なネットワークの場合、ISPから貸与されるブロードバンドルータを使う場合が多いですが、20台以上のPCがあるオフィスでは、アクセス制限機能が充実している高機能ルータを導入したほうが、メリットは大きいでしょう。ルータのアクセス制限機能の1つにフィルタリング[※]機能があります。これは外部のインターネットから社内のLANへの不正なアクセスを防ぐと同時に、社内から外部へのアクセスを制限する機能です。IPアドレス

KEYWORD ステートフルインスペクション

IPアドレスやポート番号に加え、IPやTCPのヘッダに含まれる情報やアプリケーション層のプロトコルの情報をチェックし、動的にポートを開閉してフィルタリングを行う方式。

やポートなどをもとに、社内と外部間のアクセスを制限します。インターネットの利用を制限する場合は、ルータのフィルタリング機能を検討します。

▶ VPN機能

外出先や離れたオフィスとネットワークで情報を共有する場合、インターネット経由で他のオフィスのネットワークに接続し、あたかも自分のネットワークのように使える「VPN」が便利です。セキュリティも確保できるため、ブロードバンドルータにVPN機能が装備されているかを確認します。

ルータのVPN機能には「VPNゲートウェイ」と「VPNパススルー」があります。VPNゲートウェイはVPN接続を行うための機能で、たとえば本社と支社間でVPN接続を行うには、本社と支社の両方にVPNゲートウェイ機能付きのルータが必要です。VPNパススルーはVPNを利用するための機能で、本社と支社間のVPNに営業所や自宅からアクセスする際にはVPNパススルー機能付きのルータが必要です。

▶ セキュリティ機能

ルータのセキュリティ機能としては、フィルタリング機能のほか、「ステートフルインスペクション※」があります。これはIPアドレスやポートに加え、パケットの内容に基づいて外部からのアクセスを制限する機能です。ファイアウォール機能を備えた製品もあります。ルータがどのようなセキュリティ機能を備えているのか、その機能をどう使うのかなどを検討することが大切です。

インターネットからは膨大な情報が得られますが、業務でどこまで必要なのか、仮に必要な情報でも十分なセキュリティと両立できるのかを計画時にしっかり考えましょう。特に、医療、介護、福祉関連の事業所、公共・社会保障機関、金融機関など機密性の高い個人情報を多く取り扱い、個人情報保護法やプライバシーマーク※など、セキュリティの確保が前提の業種では、インターネットに接続することの意味をしっかりと考え、どうしても必要なときにだけ接続するように徹底することも大切です。

KEYWORD プライバシーマーク

日本工業規格（JIS Q 15001）に適合し、個人情報について適切な保護措置を講じる体制を整備した事業者を認定し、「プライバシーマーク」の利用を認める制度のこと。

ハブの選び方

　ルータの配下で、PCや周辺機器をネットワークに接続させるための機器がハブです。現在市販されている多くのハブはスイッチングハブですが、PC同士を接続させるだけのシンプルなタイプから、さまざまなアクセス制御が可能な高機能なタイプまで多くの製品があります。有線LANの場合、接続している機器のデータ転送速度に抑制される場合もあるので、なるべく同一規格のスイッチングハブを選択するようにします。

　使用するPCの台数やオフィスのレイアウトによって、複数のスイッチングハブを設置しますが、スター型LANの端から端までのネットワーク階層で3～4階層までをサポートとするため、あまり複雑な配線にしないように計画します。また、よくある現象として、スイッチングハブのLANコネクタ部分にほこりが詰まることがあるので、設置場所やコネクタにカバーを取り付けることなども、計画時に検討します。

図4　スイッチングハブの設置例（100BASE-TXの場合）

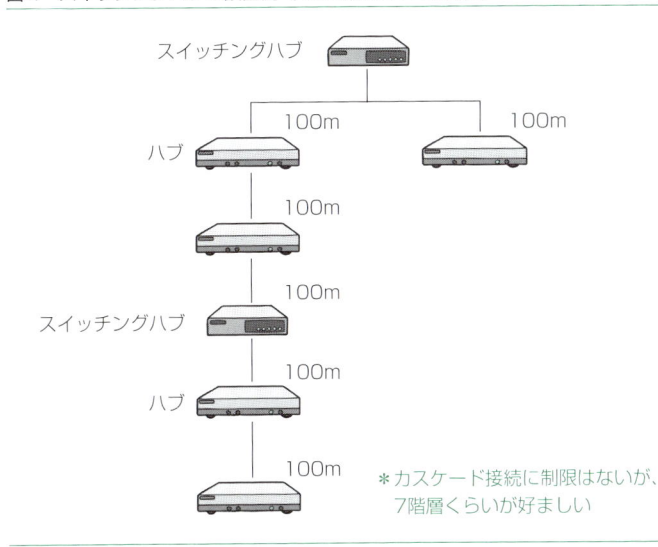

スイッチングハブ
　　　100m　　　　100m
ハブ

　　　100m

　　　100m
スイッチングハブ

　　　100m
ハブ

　　　100m　　＊カスケード接続に制限はないが、
　　　　　　　　7階層くらいが好ましい

スイッチングハブは便利だが、多階層にならないように注意が必要である

Point
- LANケーブルの配線が難しい場合にはPLCを検討する
- 無線LANではアクセスポイントなどのセキュリティが重要
- ルータはネットワーク規模とフィルタリング、VPN、セキュリティなどの機能を考えて選択する

Section 16 利用目的に合わせたPCの使い分けを考える

クライアントとサーバの決定

ネットワークで利用するクライアントPCとサーバを決定し、そのOSを選びます。サーバ専用機が必要かどうかは、PCの台数に応じて決定します。ライセンスの購入方法についても検討が必要です。

クライアントの決定

　現在、クライアントPC用のOSの選択肢としてはマイクロソフト社の「Windows」、アップル社のMacintoshで使われる「Mac OS X」、オープンソースとしてさまざまなバージョンが流通している「Linux」などがあります。今後はグーグル社の「Chrome OS」なども加わってくるでしょう。

　それぞれに長所はありますが、アプリケーションの対応やサポート体制を考え、Windowsを選択するのが一般的です。Windows 7は、無線LAN接続の容易性、Windows XPモード、リモートデスクトップなど、ネットワーク用に便利な仕様や機能を数多く備えています。

● Windowsのバージョン

　Windowsの企業向けとして普及しているWindows 7には、いくつかのEditionがあります。一般的に個人で使う場合はHome Premium、業務用の場合はProfessionalか、すべての機能が搭載されている最上位のUltimateまたはEnterpriseを選択します。Windows 7の 各Editionがサポートする機能を確認して、業務で必要なEditionを選択しましょう。

　各Editionにはそれぞれ32ビット版と64ビット版がありますが、64ビット版の最大のメリットは4GB以上のメインメモリが使えることです。現状では、多くのアプリケーションが32ビット版で動作するように作られていますが、64ビット版のWindows 7でもWOW64[※]という機能により問題なく

KEYWORD WOW64（Windows 32-bit On Windows 64-bit）
64ビット版Windows上で、32ビット版Windows用アプリケーションを実行するためのエミュレーションレイヤーサブシステムのこと。

利用できます。ただし、周辺機器を制御するドライバは32ビット版を64ビット版のWindowsで利用できないため、注意が必要です。

表1　Windows 7の各Editionの比較

利用可能な機能	Home Premium	Professional	Ultimate
デスクトップナビゲーション機能のサポート	○	○	○
プログラムの起動や検索の高速化	○	○	○
Internet Explorer 8対応	○	○	○
インターネットテレビ	○	○	○
ホームグループによるホームネットワークの接続	○	○	○
Windows XPモードのサポート	×	○	○
ネットワークのドメイン参加のサポート	×	○	○
完全なシステムバックアップと復元	×	○	○
BitLockerを使用したデータ保護	×	×	○
35言語の切り替え	×	×	○

出典：http://windows.microsoft.com/ja-JP/windows7/products/compare

● Windowsのライセンス

　Windowsのライセンス形態はかなり複雑になり、価格差もあって、どれを購入したらよいのか迷うことが多くなっています。新規にWindows 7をライセンス込みで購入しても、Home PremiumからProfessionalへアップグレードしたい場合や、Windows Vistaなどの旧バージョンからWindows 7へ

表2　Windows 7のライセンス形態

パッケージでの購入	1ライセンスから購入
	パッケーがかさばる
	1台ずつライセンス管理
OEM版の取得	PCとセット販売
	製造元メーカーがサポートを提供
	1台ずつライセンス管理
ボリュームライセンスプログラムでの購入	OEM、パッケージを通じて購入したWindowsをアップグレード
	ニーズに合わせて適切なプログラムを選択
	インストール用メディアは別途入手可能

出典：http://download.microsoft.com/download/8/3/D/83D4C530-8976-4980-9DB4-588EB38044DA/20091109_Windows7License.pdf

KEYWORD　Samba（サンバ）
UNIX系OSで、Windowsのネットワークサーバ機能を提供するソフトウェアのこと。無償で利用でき、ライセンス費用がかからないというメリットがある。

アップグレードしたい場合などに、ライセンスを購入します。

　表2に、Windows 7のライセンス形態について簡単にまとめました。Windows 7 Enterpriseには、「ソフトウェアアシュアランス」というボリュームライセンスの契約で購入できる特典（アップグレードの権利、技術サポートなど）があります。

サーバコンピュータの決定

　サーバは、クライアントの台数またはユーザ数により必要とされる機能が異なります。ここでは、3つのネットワーク規模に分けて検討します。

▶小規模の場合（クライアントPCが5台まで）

　サーバ用のPCやOSを特に用意しなくても、ピア・ツー・ピア型の接続で、Windowsのネットワーク（ホームグループまたはワークグループという名前が一般的）を構築すれば十分です。ネットワーク上の管理や権限などはPCごとに設定されている情報に連携するため、フォルダ、ファイル、プリンタの共有なども、ユーザごとにセキュリティを設定するだけで、比較的簡単に導入できます。

▶中規模の場合（クライアントPCが5〜20台）

　大容量のハードディスクを備え、アクセス速度に影響するハードウェア性能が高い専用サーバを導入することを推奨します。OSは、クライアント用OSの上位EditionであるWindows 7 Professionalで十分ですが、メインメモリを多めに搭載し、複数のハードディスクドライブによるバックアップ体制も整え、障害時の復旧対策として便利な仮想化を行うことが重要です。

▶中規模以上の場合

　サーバOSとしてWindows Server 2008か、Linux上でWindows Serverと同様のユーザ管理やファイル、プリンタの共有が実現できるSamba※機能を搭載した専用機を導入するとよいでしょう。

　表3にWindows Server 2008 R2の各Editionの機能をまとめます。

KEYWORD 無停電電源装置（UPS：Uninterruptible Power Supply）
停電などで商用電源が遮断された際に一定時間電力を供給する装置のこと。単に「UPS」と呼ぶ場合、一般に交流入力と交流出力のものを指すことが多い。

表3　Windows Server 2008 R2の各Editionの機能比較

機　能	Foundation	Standard	Enterprise	Datacenter	Web	Itanium
Active Directory権限管理サービス	○	○	○	○	×	×
Branch Cacheコンテンツサーバ	○	○	○	○	○	○
ホストサーバ	×	×	○	○	×	×
Direct Access	×	○	○	○	×	×
Hyper-V	×	○	○	○	×	×
IIS 7.5	○	○	○	○	○	○
ネットワークアクセスプロテクション	○	○	○	○	×	×
リモートデスクトップサービス	○	○	○	○	×	×
Server Core	×	○	○	○	○	×
Server Manager	○	○	○	○	○	○
Windows展開サービス	○	○	○	○	×	×
Windows PowerShell	○	○	○	○	×	×

出典:http://www.microsoft.com/japan/windowsserver2008/r2/editions/features.mspx

▶停電対策と省エネ対策

　最後に、各フロアで使用するコンピュータ電源の容量を確認し、二重化を行うか、停電時の無停電電源装置（UPS）※を共有データが格納されているサーバなどのハードウェアに設置します。UPSは、停電や瞬停などによる電源障害以外にもさまざまな障害に対応できます。サーバは一般的には24時間稼働させる場合が多いですが、省エネの面からも2日以上休業する場合などには可能であれば停止することも検討しましょう。

Point
- 無線LANを使うならWindows 7が便利
- 小規模ネットワークならサーバ専用機は不要
- サーバには停電対策と省エネ対策を行おう

Section 17 ネットワーク構築の計画を立てる

ガイドライン、スケジュール、レイアウトの作成

ネットワークの構築を計画する際には、現場のユーザにヒアリングを行い、ユーザにとって使いやすいネットワークを考えて、ガイドラインを作成します。また、スケジュールやレイアウトも検討します。

ガイドラインの作成

　ネットワーク構築の計画を立てるために最初に行うのは、整理した利用目的を簡単にまとめた「ネットワーク構築のガイドライン」を作成し、ユーザのヒアリングを実施することです。目的を整理する段階でもヒアリングを行いますが、この段階で再度ヒアリングを行えば、今後のユーザ教育やトラブル対応などを円滑に進められます。

　「ネットワーク構築のガイドライン」では、ネットワークを構築する意義、データ共有やインターネットへのアクセス方法、セキュリティなどについてまとめます。インターネットへのアクセスに何らかの制限を行う場合は、その理由を説明し、現場の理解を十分に得ておくことが大事です。

▶ネットワーク構築のスケジュールの調整

　スケジュールを立てる際は、現場へのヒアリングや説明などに多くの時間を取るようにします。現場にヒアリングして要望を把握し、社内でコンセンサスを得ておけば、機器の導入や設置で余計な時間がかかりません。

　インターネット回線の工事が始まると、ルータ、ハブ、LANケーブルの設置などで現場の業務が中断されることもあるので、スケジュールを決める際に現場と調整します。建物の構造によっては、建築工事が必要になる場合があり、外部の工事会社との日程調整なども必要です。ガイドラインの作成後、次のように、スケジュールを概算しておくとよいでしょう。

KEYWORD CAD（Computer Aided Design）
コンピュータを利用した設計。コンピュータ上で図面作成やデザインを行うソフトを、CADソフト、CADシステムなどと呼ぶ。CADソフトではDXF形式（次ページのKEYWORDを参照）のファイルを扱う。

```
┌─────────────────────────────────┐
│ ガイドラインの作成とレイアウトの決定 │
└─────────────────────────────────┘
              ▼
┌─────────────────────────────────┐
│ 部署ごとに、ネットワーク構築の概要の説明と │   1週間（規模による）
│     ユーザへのヒアリング          │
└─────────────────────────────────┘
              ▼
┌─────────────────────────────────┐
│ ヒアリング結果のガイドラインへの反映 │   2～3日
└─────────────────────────────────┘
              ▼
┌─────────────────────────────────┐
│ ネットワークの構築で必要となる工事や購入製品の │   1～2週間
│   納期などの日程および作業内容の調整    │
└─────────────────────────────────┘
              ▼
┌─────────────────────────────────┐
│ 作業担当の計画と作業手順の確認      │   2～3日
└─────────────────────────────────┘
              ▼
┌─────────────────────────────────┐
│ 部署ごとに、ネットワーク構築の日程の │   1週間
│   調整と作業内容の確認           │
└─────────────────────────────────┘
              ▼
┌─────────────────────────────────┐
│ ネットワーク構築の最終日程の作成    │   2～3日
└─────────────────────────────────┘                ガイドラインの作成
              ▼                                後、構築作業を実施
┌─────────────────────────────────┐              するまで3～4週間
│ ネットワーク構築作業の実施        │              かかる
└─────────────────────────────────┘
```

レイアウトの決定

　次に、ネットワークを構成する機器の配置を決めます。有線LANの場合、どのようにLANケーブルを配線するかを、長さや障害物なども含めて検討し、レイアウトを作成します。無線LANを中心に使う場合も、最低限の有線LANケーブルの設置が必要となります。

　自社でケーブル設置を行う場合は、建築CAD※や作図ソフトなどで、実際の寸法に合うレイアウトによりLANケーブルや電源コネクタなどの配置を確認します。このとき、可能ならばテナントなどの施設管理業者から建物の

KEYWORD DXF（Drawing Exchange Format）
CAD図面の交換に標準的に使われるデータフォーマット。さまざまなCADソフトやPC用イラスト作成ソフトなどで読み込むことが可能。

施工時に使った各フロアの図面のCADデータを提供してもらうと便利です。図面を加工するソフトウェアとして、一般にマイクロソフト社の簡易作図ソフト「Visio※」が広く使われています。また、無償のCADソフト「Jw-cad」や、オープンソースソフトウェアのCADソフト「OpenOffice Draw」などを利用できます。

図1 平面図（CADデータ）を取り込んだ例

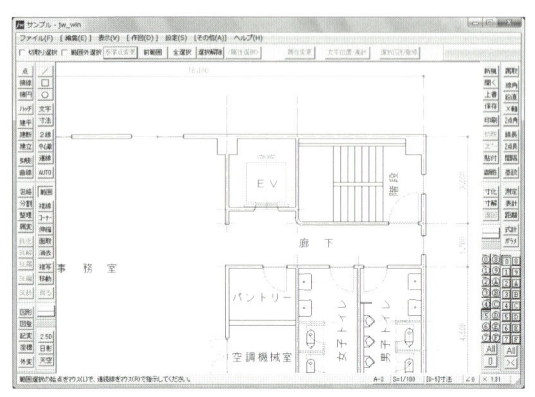

平面図を取り込み、実際の寸法でLANケーブルの長さや配置を確認する

　必要な機器を各フロアの図面に記入しながら、表計算ソフトに機器の名称、価格、数量などを書き込み、図2のように設備購入の概算書を作成します。

コストの計算

　ネットワーク構築のコストとして、次のものを試算します。
・購入するハードウェアとソフトウェアのコスト
・配線工事などを外部業者へ委託するコスト
・ネットワーク構築時に社内スタッフが協力する工数や業務が中断する工数
・ネットワーク利用者に対する教育のコスト
・ネットワークに不可欠なセキュリティに要するコスト
　これ以外にもネットワークの運用管理のコストとして、ISPの契約料、ハードウェアのレンタルやリース※の料金、メンテナンスや保守を外部業者に委託する場合のコストなども試算しておくとよいでしょう。

KEYWORD Visio
マイクロソフト社製の作図ツール。図形、テンプレート、サンプル図面を数多く備えており、フロアのレイアウト、ネットワーク、組織図などさまざまな図面を作成する際に便利。

図2 表計算ソフトで作成する概算書類の例

概算	機種名	仕様	単価	数量	小計	備考
ルータ						
L2/L3 スイッチングハブ						
小型スイッチングハブ						
無線親機						
無線子機						
PLC 親機						
PLC 子機						
LAN ケーブル						
2M						
3M						
4M						
5M						
7M						
10M						
ネットワーク周辺機器						
パソコン（サーバ用途）						
パソコン（クライアント）						
配線治具						
ソフトウェア						
設置作業工数						
建築工事関連						
小計						

表計算ソフトでこのような表を作成すれば、機器や工数の概算予算や行程管理を手軽に行える

　小規模のオフィスであれば、社内の担当者のみでネットワーク構築を行うことも不可能ではありません。ただし、設置に専門技術を必要とする機器もあり、社内で行うとかえって時間やコストがかかる場合があるため、自社でどの作業までを行い、どの作業からを外部に依頼するのかを検討することも大切です。

　セキュリティについては、「人が中心」のセキュリティ管理手法を取り入れ、セキュリティ意識の向上とセキュリティポリシーの徹底を実施することで、コストの低減が可能です。

KEYWORD レンタルとリース

レンタルは、業者があらかじめ保持しているハードウェアを借り受ける方式。リースは、利用したいハードウェアを業者が代わりに購入し、それを借り受ける方式。

ネットワークを構築するために必要なこと

また、ネットワークの構築後、数年に1回以上はISPや通信回線の変更、PCやサーバの老朽化や容量不足による入れ替え、OSのバージョンアップなどの要因によるネットワークの再構築が必要になります。将来的な変更を前提に、ハードウェアとソフトウェアの両面で変更の容易さ、スケジュール、コストなどを検討しましょう。

手順書の作成

　実際にネットワークを構築するための手順書に加え、ユーザがPCや周辺機器を設定し、利用するための手順書も作成します。

　まず、PCや周辺機器およびネットワークに接続する際にユーザが設定する手順や方法などを確認し、設定時のFAQ※などを準備します。1つの方法として、管理者がユーザになったつもりで実際にネットワークの設定を行い、WindowsなどOSのバージョンごとに、簡単にその手順を文書化しておくと、以後のサポートで大変役に立ちます。

　次に示す作業について手順書を用意しておきましょう。

- ブロードバンドルータの設置とISPへの接続の設定と動作確認
- ブロードバンドルータのDHCPの設定
- （無線LANの場合）ネットワーク構成の設定
- 上位スイッチのネットワーク構成の設定
- ブロードバンドルータとサーバを上位スイッチのネットワークに接続
- 下位スイッチまたは上位スイッチの接続と動作確認
- ハブおよび同一セグメント内のPCの接続、各PC上でWindows 7のネットワークの設定と動作確認
- プリンタと周辺機器の接続
- イントラネットでの動作確認

　プリンタは特に、紙詰まり、電源エラー、トナーやインクの残量エラーなどの障害が頻繁に起こるので、利用方法やエラー時の対処方法などを手順書としてまとめることが重要です。

KEYWORD　FAQ（Frequently Asked Questions）
操作方法、トラブルやその対処法、連絡先など、システムのユーザからよく質問される事項とその回答をまとめたもの。

また、ネットワークで頻繁に使用するサーバの「ファイル共有」や「アクセス権限」などの概念が、一般ユーザには理解しづらいものです。ネットワーク上でPCやハードディスクを共有する方法もわかりやすく説明しておきましょう。現在では、Windowsの起動時にユーザ名とパスワードを入力することが一般的になりつつありますが、入力に慣れていないユーザも少なくありません。ネットワーク環境では、ユーザ名とパスワードでのログインが必須であることを手順書に明記します。

　無線LANは、PC側の設定が有線LANよりも複雑になり、ネットワークにつながらないなどの障害も多くなりがちです。新しい技術や規格が生まれるたびにPC側の設定が必要になることもあるので、無線LANを利用できる条件（OSなど）、設定方法、エラー時の対応などを手順書にまとめます。その際に、他のアクセスポイントなどにはアクセスしないようにすることやデータの暗号化などのセキュリティについてもわかりやすく説明しておきましょう。

Point
- 社内ネットワーク構築のガイドラインを作ろう
- フロア計画書を図面化すれば作業工数やコストが明確になる
- ネットワーク構築の手順の工数を考慮し、手順書を作ろう

Section 18 ネットワークを構築する際の注意点
実作業に向けた最終確認

ネットワーク導入へ向けて検討してきた内容を整理して、注意点を再確認するとともに、外部業者へ委託する場合のチェック項目、見積もり方法など、導入作業前の準備内容について最終確認を行います。

設計と工事の準備が重要

ここまで、ネットワーク利用の目的を整理し、計画を立ててきました。最後に次のような項目に関して、フロアのレイアウトやネットワーク構築のガイドラインなどと照らし合わせながら最終確認を行います。

- 有線LANおよび無線LANの導入とケーブル類の敷設内容
- インターネットへ接続するルータとその配下のスイッチングハブの数
- 作業の工数と業務中断のスケジュール
- クライアントPCやサーバおよび周辺機器の配置
- 電源容量および設定作業の工数
- 外部業者への依頼内容と作業スケジュール
- 購入製品の納入スケジュール

機器の準備と接続

ネットワークを構築する場合、最初に行うのはLAN側、すなわちインターネットに接続するブロードバンドルータまでの設定です。具体的には、まず、フロアごとに有線LANケーブル、スイッチングハブ、無線LANアクセスポイントなどを設置してそれぞれの動作を確認します。ネットワーク全体の機器の動作が確認できたら、次にサーバ、クライアントPC、周辺機器、モバイル端末などの接続を順次行います。このような手順も、ネットワーク構築

KEYWORD リモートデスクトップ
PCからネットワーク上の別のPCにアクセスしてGUIを操作する機能のこと。他のPCへアクセスするクライアント機能と他のPCからのアクセスを可能にするサーバ機能がある。

のガイドラインなどに明記します。

クライアントPCの設定

　クライアントPCに搭載するWindows 7には、ユーザアカウントの管理モードとして、「管理者」と「標準ユーザ」があります。標準ユーザでログインした場合、新規アプリケーションのインストールやWindowsの更新といった「システム管理」は行えませんが、ワープロ、表計算ソフト、電子メールなど、通常のビジネスソフトは問題なく使用できます。

　社内の一般ユーザに対しては標準ユーザのアカウントを割り当て、管理者アカウントのパスワードを非公開にしておけば、Windowsの環境設定などを勝手に変更されることもなく、障害が少なくなります。ただし、Windowsの更新や新規アプリケーションのインストールの際は、管理者が各ユーザのPC上で、管理者権限でログインして作業を行う必要があり、その分工数がかかります。

■リモートデスクトップの活用

　このようなシステム設定を管理者のPCからリモートで行うことができるのがリモートデスクトップ※です。この機能を使えば、管理者は自分のPC上から簡単にユーザのPCのWindowsにログインして設定を変更できます。

　ただし、リモートデスクトップで他のPCからのログインと操作を受け付けるサーバ機能を備えているのは、Windows XPではProfessional、Windows VistaではBusiness以上、Windows 7はProfessional以上のみです。また、相手のPCにログインして操作できるクライアント機能は、Windows XPではProfessional、Windows VistaではBusiness以上、Windows 7はHome Premium以上に標準搭載されています。Windowsの標準機能以外を使う場合は、同様の機能を持つ「VNC※」と呼ばれるオープンソースソフトウェアや、その派生ソフトをインターネットで入手できます。これらを使うと、リモートデスクトップ機能をサポートしていないWindows XP Home EditionなどのOSでも他のPCからログインできるようになります。

KEYWORD　VNC（Virtual Network Computing）
ネットワーク上の他のコンピュータを遠隔操作するためのオープンソースソフトウェア。OSに依存せず、さまざまなプラットフォームに対応できる派生ソフトが登場している。

図1　リモートデスクトップの操作画面の例

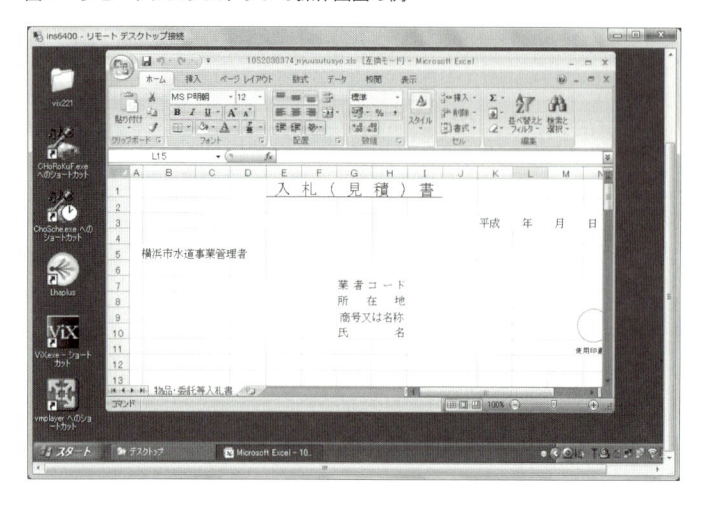

Windows 7からリモートデスクトップによりWindows XP Professionalへログインしている状態

外注業者の選び方

　ネットワーク構築作業のうち、LANケーブルの敷設やスイッチングハブの設置などは「ネットワーク工事会社」に依頼できます。多くのネットワーク工事会社は、コンピュータネットワークの専門業者というより、電気設備工事会社と同様のビル建設業的なビジネススタイルになりつつあります。それだけに建築のノウハウは豊富ですので、建物工事などが必要な場合にはメリットがあります。

　あまり複雑な工事を必要としない、たとえば無線LAN中心のネットワークや小規模ネットワークの場合は、アプリケーションなどを開発、販売、サポートしている業者でも、ネットワーク構築支援を請け負うところが増えているので、Windowsやサーバなどの設定も含めて相談に乗ってもらえるでしょう。その場合、外注業者の選択基準として、親切、丁寧、リーズナブルな価格は基本です。さらに、ネットワークの専門用語、またはコンピュータやITに関する技術的な内容をわかりやすく説明してくれる業者は、スキルが高いと判断してよいと思います。次々と新しい技術、使い方、応用が生まれるIT業界において、専門用語の解説がすらすら出てくる業者なら、最新技術も積極的に取り入れてくれるでしょう。

見積もり依頼の方法

　ネットワーク構築を外注するため、複数の会社から見積もりをとる場合、社内で的確なネットワーク構築のガイドラインを作成し、どこまでを業者に依頼するのかを見極めておく必要があります。構築作業だけでよいのか、稼働後の技術サポートも必要なのか、ネットワーク関連製品も同時に購入するのかなどによって、コストは大きく変わってくるからです。

　一般に、PC、ネットワーク機器、周辺機器などの見積もりを工事業者に依頼すると、高機能な製品を提案してくる傾向があります。対策としては、見積もりを依頼する前に仕様を確認し、製品名を特定して見積もりを依頼するか、または量販店などでも購入できるかどうかを確認しておくと、コストを抑えることができます。ただし、設置作業が大変だったり、購入後のメンテナンス、サポートが必要と見込まれたりする製品は、サポートのコストも含めて購入先を決定する必要があります。目安としては、ネットワーク管理者自身で設定が行える製品は価格の安い量販店などで購入し、ハードウェアが故障した場合の修理サポートのみ付加しておけばよいでしょう。

　複数の工事会社へ見積もりを依頼する場合は、保守や技術サポートなど、導入後にも安心して相談できるスキルを備えた業者を見極めることが重要になります。

Point

- ネットワーク構築の前にもう一度段取りを最終確認
- リモートデスクトップはクライアントの設定やメンテナンスに便利
- 何をどこまで頼むかよく考えたうえで外注業者を選ぶ

Column

IPv6最新事情
しばらくは移行期間としてIPv4も共存

　JPNIC（社団法人日本ネットワークインフォメーションセンター）では、2011年中にも予想されるIPv4アドレス在庫の枯渇に向け、次の3つの対応策を提案しています。
・既存IPv4アドレスを効率的に運用する
・グローバルアドレスを使わない
・IPv6を導入する
　個人ユーザの場合、IPv4アドレスが枯渇してもただちに影響はありませんが、将来的にはIPv6対応機器への更新などが必要になるかもしれません。企業の場合、早急に各種インターネットサーバをIPv4とIPv6の両方に対応させる必要があるでしょう。
　多くのISPではすでにIPv6への対応を進めていますが、コストや利用者側での運用変更などを考慮し、段階的にIPv6対応の設備に切り替えているようです。IPv6が主流になる時期は、次世代インターネット（NGI）の普及に合わせ、インターネット回線とクライアント端末（PC、情報端末、家電など）がIPv6対応になる、2016年頃と予想されます。

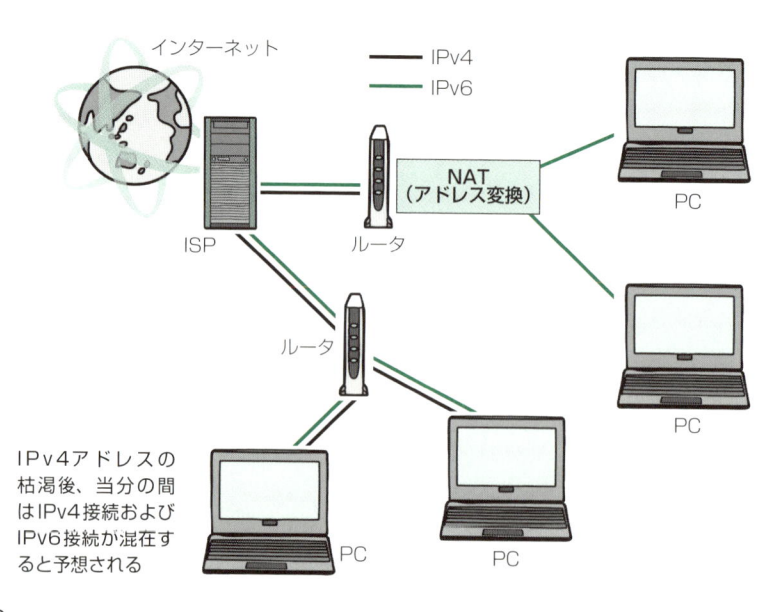

IPv4アドレスの枯渇後、当分の間はIPv4接続およびIPv6接続が混在すると予想される

第3章

小さな会社に適した
ネットワークのモデル

19 代表的なネットワークのモデル
20 5台程度の有線LAN
21 5台程度の無線LAN
22 10台程度のクライアント／サーバ型LAN
23 50台程度の中規模LAN
24 オフィス間でリモート接続を行う場合のネットワークモデル
25 ネットワークを拡大するときの注意点

Section 19 代表的なネットワークのモデル
PCの台数に応じたネットワーク構成

PCの台数に応じてネットワークを構成する場合にはどのようなハードウェアが必要なのか、構成例を示し、概要を整理します。また、無線LANやリモート接続を必要とする場合のネットワークの構成例も示します。

■ PCが5台程度のLAN

個人事業者や小規模企業など、PCが5台以下の場合のネットワークは、1台のスイッチングハブを中心としたシンプルな形態になります。専用のサーバを置かず、各PCを対等の関係で接続する「ピア・ツー・ピア型」のLANが一般的です。詳細については、Sec.20で説明します。

図1　5台の構成の例

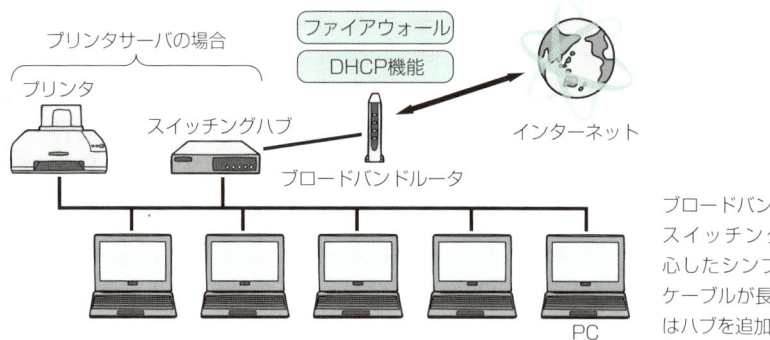

（プリンタサーバの場合：プリンタ、スイッチングハブ／ファイアウォール・DHCP機能／ブロードバンドルータ／インターネット／PC）

ブロードバンドルータとスイッチングハブを中心したシンプルな構成。ケーブルが長くなる場合はハブを追加する

●必要なハードウェア

ブロードバンドルータ、スイッチングハブ、PC、LAN対応のプリンタ（または既存の機器をLANに接続するプリンタサーバやデバイスサーバ）

KEYWORD DHCP（Dynamic Host Configuration Protocol）
インターネットに接続するPCなどに、接続に必要なIPアドレスなどの情報を割り当てるプロトコル。ブロードバンドルータは通常、DHCPサーバ機能を備える。

▶PC用OS

Windows 7 Home Premium Edition以上

▶注意事項

・ブロードバンドルータのDHCP※機能を有効にする
・セキュリティとしてブロードバンドルータのファイアウォール機能を利用する
・PC内蔵のネットワークインターフェース（有線LANのNIC、無線LANのアダプタ）は、将来に備えて、高機能な規格を選択する

PCが10台程度のLAN

　PCが10台まで増えると、通常2台以上のスイッチングハブが必要となります。また、専用のサーバを置いて「クライアント／サーバ型」で構成します。詳細については、Sec.22で説明します。

図2　10台の構成の例

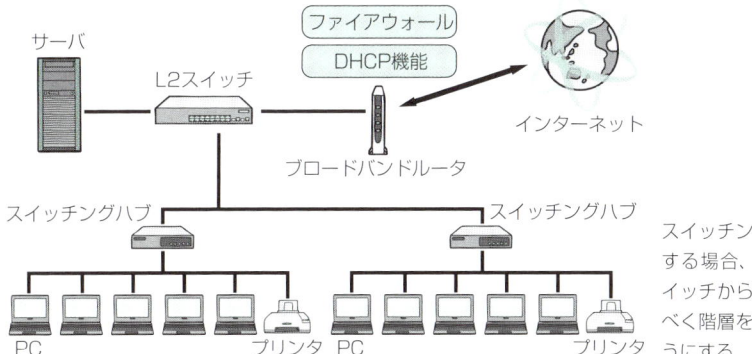

スイッチングハブを追加する場合、上位のL2スイッチから接続し、なるべく階層を深くしないようにする

▶必要なハードウェア

　ブロードバンドルータ、L2（レイヤー2）スイッチまたはL3（レイヤー3）スイッチ、サーバ、2台以上のスイッチングハブ、PC、LAN対応プリンタなど

KEYWORD　シンクライアント（thin cliant）
インターネット接続機能など最低限の機能のみを備えた端末（クライアント）。セキュリティ面からハードディスクなどの記憶媒体は内蔵していない。データをすべてサーバ側で管理するものもある。

● サーバ用OS

Windows 7 Professional Edition、Windows Server 2008、Mac OS X、LinuxのSambaなど

● PC用OS

Windows 7 Home Premium Edition以上

● 注意事項

・トラフィックが増えるため、ブロードバンドルータの上位のハブとしてL2スイッチか、L3スイッチ（セキュリティを重視する場合）を導入する
・Windows 7のリモートデスクトップ機能やターミナルサーバ機能などによりシンクライアント※的な管理を行う場合には、Windows Server 2008の導入を検討する

表1　Windows Server 2008のEditionの比較

機能	Foundation	Standard	Enterprise	Datacenter
プロセッサ	64ビット	32ビット/64ビット	32ビット/64ビット	32ビット/64ビット
最大プロセッサ数	1	4	8	32／64
最大メモリ(64ビット)	8GB	32GB	2TB	2TB
Hyper-V(仮想OSインスタンス数)	−	1	4	無制限
ユーザ数	15	無制限	無制限	無制限
CAL	不要	必要	必要	必要
SMBコネクション数	30	無制限	無制限	無制限
RRASコネクション数	50	250	無制限	無制限
TS Gatewayコネクション数	50	250	無制限	無制限
フェールオーバクラスタ	−	−	○	○
Active Directoryユーザアカウント数	15[*]	無制限	無制限	無制限

＊既存のActive Directoryドメインへの追加は推奨されない。
出典:http://www.microsoft.com/ja-jp/server-cloud/local/windows-server/2008/r2/editions/features.aspx

PCが50台までのLAN

PCが50台程度の規模では通常複数の部署が存在するため、データ管理やセキュリティの問題も検討します。詳細については、Sec.23で説明します。

KEYWORD Active Directory

マイクロソフトがWindows 2000以降のサーバ用OSで標準搭載しているディレクトリサービス（ネットワーク上の各種資源を効率的に管理する機能）。

図3　50台の構成の例

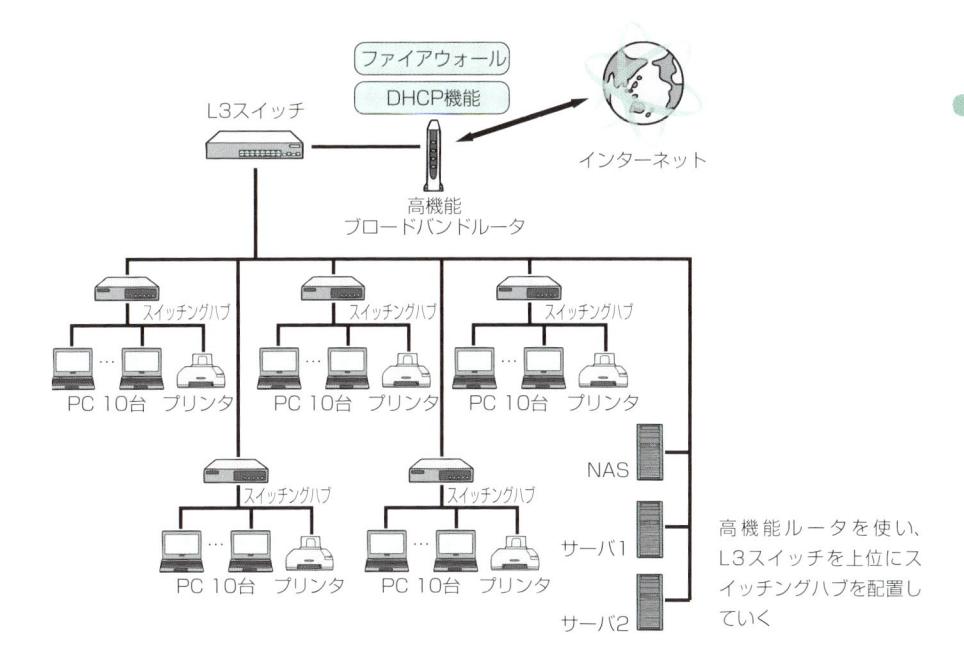

図：L3スイッチ、高機能ブロードバンドルータ（ファイアウォール、DHCP機能）、インターネット接続。ルータ配下に5つのスイッチングハブがあり、それぞれPC 10台とプリンタを接続。さらにNAS、サーバ1、サーバ2を配置。「高機能ルータを使い、L3スイッチを上位にスイッチングハブを配置していく」

■必要なハードウェア

ブロードバンドルータ、L3スイッチ、2台以上のサーバ、複数台のスイッチングハブ、PC、LAN対応プリンタ、NASなど

■サーバ用OS

Windows Server 2008、Mac OS X、LinuxのSambaなど

■PC用OS

Windows 7 Home Premium Edition以上、ドメインでActive Directory※を利用する場合はWindows 7 Professional Edition以上

■注意事項

・ログの管理、各種セキュリティ設定、ビデオ会議※など、業務に有益な機能を備えた高機能なブロードバンドルータを導入する
・サーバは、ファイル共有用とその他の機能用など、2台以上用意する

KEYWORD　ビデオ会議

デジタルビデオカメラやWebカメラ、マイク、スピーカなどを利用し、ネットワーク上でリアルタイムに動画と音声をやり取りして会議を行うためのシステム。

- ファイル共有として、NASの導入を検討する
- ユーザ管理にはドメインと「Active Directory」を利用する

無線LAN、リモート接続、PLCを活用するネットワーク構成

▶無線LANの活用

　無線LANを導入するには、アクセスポイント機能を持つ無線LAN対応のブロードバンドルータを使います。詳細については、Sec. 21で説明します。

図4　無線LANの構成の例

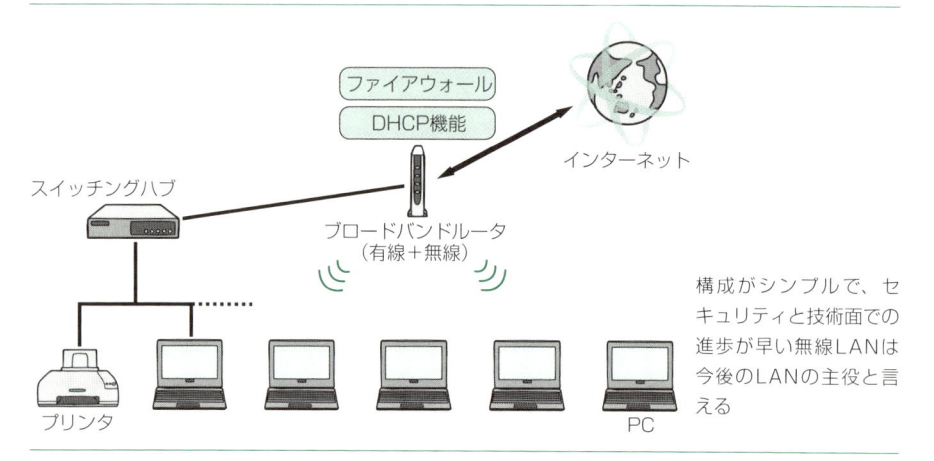

構成がシンプルで、セキュリティと技術面での進歩が早い無線LANは今後のLANの主役と言える

　無線LANを導入する場合には、DHCP機能を無線LANと有線LANで同時に設定できるかどうか、セキュリティなどが重要です。

▶離れたオフィス間のリモート接続

　オフィスの場所が離れている場合、インターネット回線を使って、あたかも専用回線で接続したような形態で運用できる「VPN」を利用します。詳細については、Sec. 24で説明します。

▶PLCの活用

　有線LANケーブルが敷設されていない部屋などで一時的にネットワークを使いたい場合、電力線をケーブル代わりに使うPLCを活用すれば、短時間で高速通信が実現できます。

KEYWORD ダイナミックDNS
DHCPにより割り当てられるIPアドレスとそれに対応するドメイン名を動的に登録するDNS。

図5　VPNでの接続

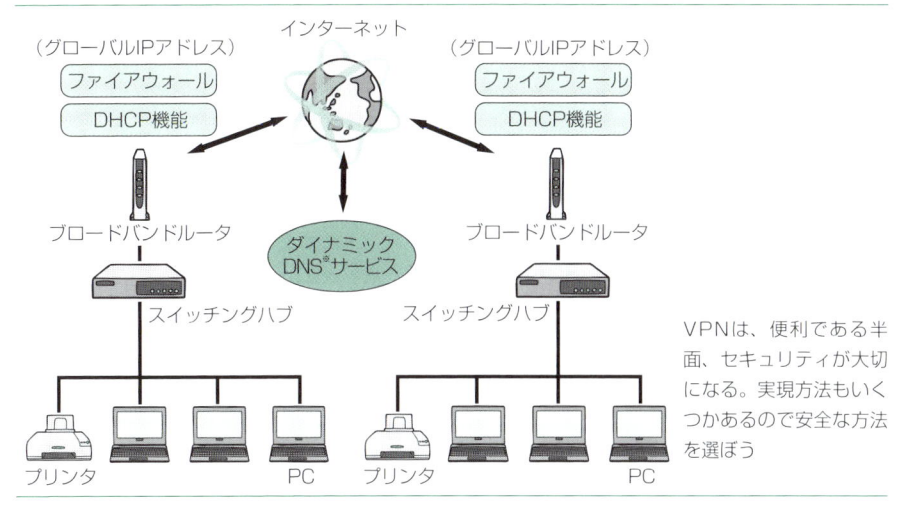

図6　PLCによるLANの構築

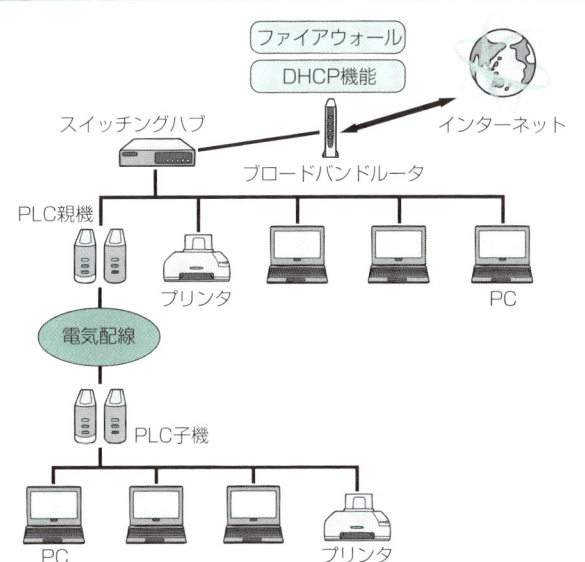

VPNは、便利である半面、セキュリティが大切になる。実現方法もいくつかあるので安全な方法を選ぼう

電気配電盤の回路構成をよく確認したうえでPLC親機と子機を配置する

3　小さな会社に適したネットワークのモデル

Point

- PCが5台程度、10台程度、50台程度のLANの構成例を理解する
- 無線LANを導入する場合の構成例を理解する
- 離れたオフィス間をリモート接続する場合の構成例を理解する

Section 20

5台程度の有線LAN
基本的な有線LANの構築

PCが5台程度の有線LANをWindows 7ベースで構築する手順を簡単に説明します。ブロードバンドルータ、プリンタ、PCなどの設定と注意事項などを考えてみましょう。

■ 小規模の有線LANの構築手順

PCが5台程度までのネットワークでは、「ピア・ツー・ピア型」のLANが一般的です。構築は次の手順で行います。

図1　小規模の有線LANの構成例

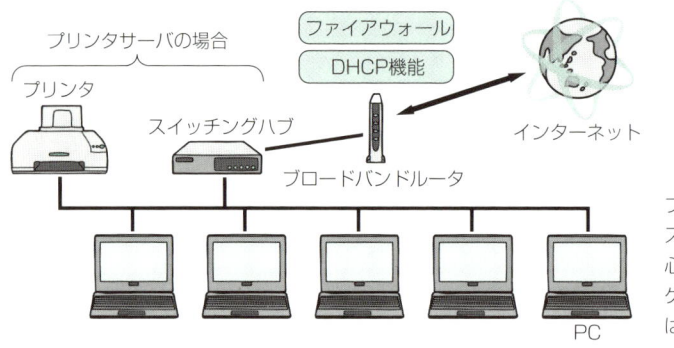

ブロードバンドルータとスイッチングハブを中心したシンプルな構成。ケーブルが長くなる場合はハブを追加する

手順1　ブロードバンドルータの設定
手順2　PCの接続
手順3　ネットワークの設定
手順4　ネットワーク上での共有の設定

KEYWORD　ファームウェア
PCや通信機器などの回路に組み込まれている、機器を制御するためのプログラムのこと。フラッシュメモリなどに記録され、インターネット経由でアップデートできるものが多い。

手順1 ブロードバンドルータの設定

■ 接続の確認

最初に、PCとブロードバンドルータの接続を確認しましょう。通常、ISPとの契約後に設置工事と接続確認が行われるので、インターネットからブロードバンドルータまでは接続が正常に行われていることになります。ブロードバンドルータへのアクセスは、ルータの有線LANポート（通常は4ポート程度）とPCをLANケーブルで接続した後、ブラウザ上でルータのプライベートIPアドレス（例：http://192.168.0.1）を入力してルータの管理画面を表示して確認します。ルータの管理画面では、必要に応じて設定を行います。詳細はブロードバンドルータのマニュアルなどを参照してください。

■ DHCPの設定

ブロードバンドルータのDHCP機能は、一般に出荷時の状態では有効になっています。LAN内のPC用として発行して管理する「プライベートIPアドレス」の範囲（例：192.168.0.1 〜 192.168.0.255）を設定します。

■ グローバルIPアドレス

ISPによってブロードバンドルータに割り振られる「グローバルIPアドレス」は、ADSL回線の場合、再起動（再接続）のたびに異なるアドレスが割り振られます。光ファイバ回線の場合、通常再起動（再接続）を行っても同じアドレスが割り振られます。グローバルIPアドレスが常に同じであれば、そのアドレスを利用したVPNやWebページの公開が可能になり、メンテナンス上も便利なことが多いので、自社のブロードバンドルータのグローバルIPアドレスを記録しておきましょう。

■ その他の注意事項

管理者パスワードの変更およびファームウェア[※]のバージョンアップの手順を確認します。特に、セキュリティの問題やファームウェアの不具合を改善するためのバージョンアップは必須となります。

KEYWORD コントロールパネル

Windowsにおいて、システム、ネットワーク、ユーザなどの設定を変更するための機能。

手順2 PCの接続

ブロードバンドルータの設定の完了後、各LANポートにLANケーブルを接続してPCとつなぎます。ポート数が足りなければ配下にスイッチングハブを接続し、そのポート経由でPCを接続します。ルータやハブは机の下や床に設置することが多いので、ほこりやケーブルの脱着に注意しましょう。

手順3 ネットワークの設定

▶接続オプションの設定

インターネットに接続する設定の前に、次の手順でWindows 7の接続オプションを設定します。ただし、ブロードバンドルータでインターネットへの接続の設定が終わっていれば、この設定を行う必要はありません。また、VPNを利用するときには［職場に接続します］オプションを使います。

① ［スタート］メニューから［コントロールパネル[※]］→［ネットワークとインターネット］→［ネットワークと共有センター］→［ネットワーク設定の変更］の順に選択する
② ［新しい接続またはネットワークのセットアップ］をクリックすると、4種類の「接続オプション」を選択する画面が表示される（図2を参照）
③ ［インターネットに接続します］を選択して［次へ］ボタンをクリックし、［インターネットへの接続］で「新しい接続をセットアップします」を選択する
④ 「ブロードバンド（PPPoE[※]）」を選択し、［ユーザー名］と［パスワード］にISPから割り振られた値を、［接続名］に任意の名称を入力して［接続］ボタンをクリックする

▶ネットワークの場所の設定

続いて、各PCで［ネットワークの場所の設定］画面でネットワークの場所を設定します（図3を参照）。

ネットワークの場所はそれぞれ、表1のような使い方を想定しています。業務で使う5台程度のLANでは社内ネットワークを選択します。

KEYWORD PPPoE（Point to Point Protocol over Ethernet）
ダイヤルアップ接続でインターネットに接続するためのプロトコルであるPPP（Point to Point Protocol）をイーサネット上で利用するためのプロトコル。

図2 [接続またはネットワークのセットアップ]

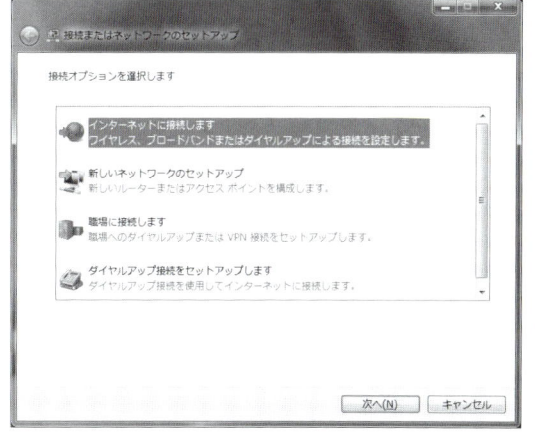

無線LANやVPN機器のメーカーのマニュアルで設定手順を確認しよう。ドライバの64ビット／32ビット版の違いにも注意

図3 [ネットワークの場所の設定]

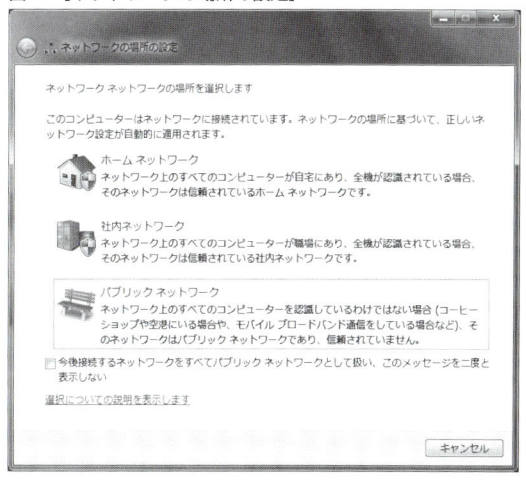

社内ネットワークを選択し、[今後接続するネットワークをパブリックネットワークとして扱い、このメッセージを二度と表示しない]チェックボックスをオンにしておこう

① [スタート]メニューから[コントロールパネル]→[ネットワークとインターネット]→[ネットワークと共有センター]の順に選択する
② [アクティブなネットワークの表示]の[ネットワーク]に表示されているネットワーク名をクリックする
③ [ネットワークの場所の設定]で[社内ネットワーク]を選択し、[閉じる]

KEYWORD ホームグループ

ファイルやプリンタなどの共有をより簡単に行うためにWindows 7で新しく導入された機能。ホームグループは、ホームネットワークで利用する。

ボタンをクリックする

④ ［共有の詳細設定の変更］をクリックし、［ホームグループ※接続］で［ユーザーアカウントとパスワードを使用して他のコンピューターに接続する］を選択して変更を保存する

この状態で一度ログオフし、再度ログインすると、ワークグループ※に接続できます。

表1　ネットワークの場所

ネットワークの場所	想定される使い方
ホームネットワーク	専用サーバを使わずWindows 7クライアント同士でネットワークを構築する
社内ネットワーク	・専用のサーバを使う ・従来のWindows PCのネットワーク名（Workgroup）を使ったファイル共有／プリンタ共有のネットワークにログインする ・マイクロソフトのドメインネットワークにログインする
パブリックネットワーク	自宅やオフィス外のモバイル環境でインターネットやネットワークを利用する

■ログインするネットワークの設定

① ［スタート］メニューから［コントロールパネル］→［システムとセキュリティ］→［システム］の順に選択する

② ［コンピューター名、ドメインおよびワークグループの設定］にある［設定の変更］をクリックする

③ ［システムのプロパティ］の［コンピューター名］タブで［変更］ボタンをクリックし、所属するワークグループ名を入力する（図4を参照）

手順4　ネットワーク上での共有の設定

ワークグループに参加したら、ネットワーク上での共有設定を行います。

① ［スタート］メニューから［コントロールパネル］→［ネットワークとインターネット］→［ネットワークと共有センター］→［共有の詳細設定の変更］の順に選択する（図5を参照）

② ［ホームまたは社内］を選択し、［ネットワーク探索］、［ファイルとプリンターの共有］、［パスワード保護の共有］などを有効にし、変更を保存する

KEYWORD ワークグループ

Windowsネットワーク上でファイルなどのリソース共有を行うためのグループ。Windowsネットワーク上のPCは必ずワークグループに属している。

図4　ワークグループへの参加

［ネットワークID］ボタンをクリックするとウィザード形式で設定を行える

図5　［共有の詳細設定］

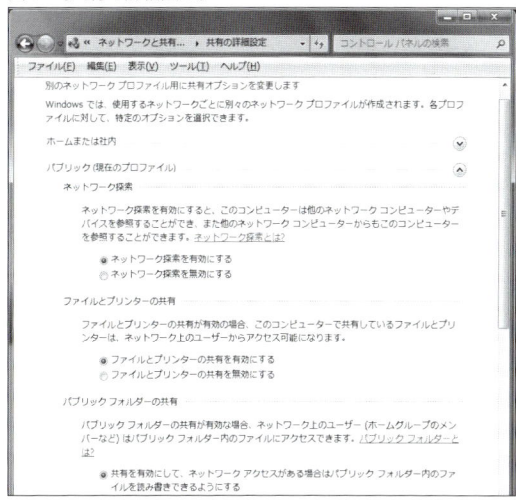

［ネットワーク探索］と［ファイルとプリンターの共有］以外はデフォルトの設定がお勧め

　この設定を各PCで行うと、同じワークグループの他のPCに保存されているファイルや接続されているプリンタを共有できます。

> **Point**
> - 小規模の有線LANの構築手順を理解する
> - ブロードバンドルータではDHCPやIPアドレスを設定する
> - PCではネットワークの場所や共有の設定を行う

Section 21 5台程度の無線LAN

基本的な無線LANの構築

PCが5台程度のネットワークで無線LANをメインに使う場合について説明します。有線LAN接続の管理用PCと無線LAN接続のPC5台程度で運用し、セキュリティ面を中心に無線LANの設定を考えます。

小規模の無線LANの構築手順

無線LANでインターネットに接続する場合、ISPから無線LAN機能付きのブロードバンドルータをレンタルするか、ブロードバンドルータの配下に無線LANのアクセスポイントを接続します。構築は次の手順で行います。

図1　小規模の無線LANの構成例

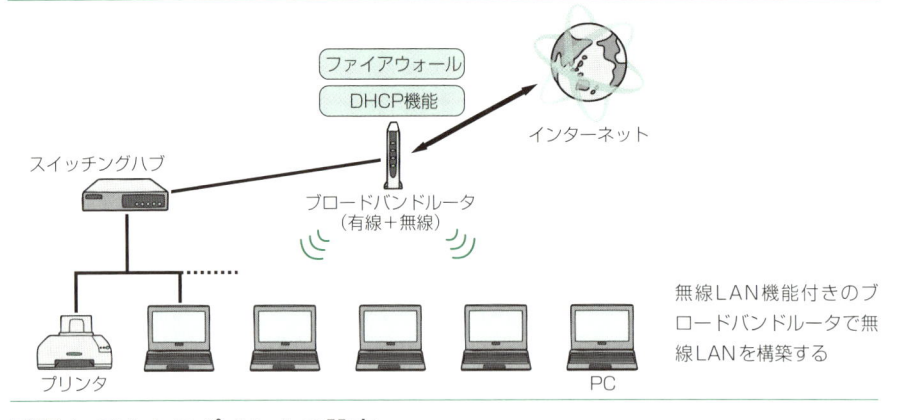

無線LAN機能付きのブロードバンドルータで無線LANを構築する

手順1　アクセスポイントの設定
手順2　PCの設定

手順1　アクセスポイントの設定

ここでは、無線LAN固有の設定について、推奨する設定を説明していき

KEYWORD　SSID（Service Set Identifier）
無線LANにおいてアクセスポイントを識別するためのID。通常はESS-IDを指すことが多い。

ます。DHCPやIPアドレスなどの設定は、基本的に有線LANの場合と同じです。また、複数の無線LAN規格（IEEE 802.11n/a/g/b）を併用する場合、設定は使用する規格ごとに行う必要があるため、注意してください。

▶SSIDの設定

アクセスポイントの識別子となるSSID[※]（ESS-ID）には、任意の名前を付けられます。しかし、近くにある無線LAN機器が周辺のアクセスポイントを検索すると、無線LANの情報としてSSIDが表示されてしまうので、自社のアクセスポイントと看破されるような名称は避けましょう。

数字の羅列など判別しにくい名前を付けても、第三者が無線LANのデータを傍受すれば、多くの情報が読み取られてしまいます。どのようなSSID名にしても、データの暗号化は行わなければなりません。

▶MACアドレスフィルタリングの設定

MACアドレスは、PCなどのネットワークインターフェース（NIC）に記録された固有のIDで、通常は16進数の12桁で「00:0d:0b:99:ff:ff」のように表記します。このMACアドレスをアクセスポイントに登録して、接続できる機器を制限するのがMACアドレスフィルタリングです。世界に1つしかないIDなので、本来はセキュリティとして十分なはずですが、現実には第三者が登録されたMACアドレスを読み取り、なりすまして接続した事例があります。MACアドレスフィルタリングは、必要だが十分なセキュリティではないため、暗号化など他のセキュリティ手段を併用します。

▶暗号化の設定

無線LANのデータは必ず暗号化する必要があります。主な暗号化方式として、WEP（128ビットまたは40ビット）、WPA-PSK（AES[※]/TKIP[※]）、WPA2-PSK（AES/TKIP）などがあります。

WEPは、初期の無線LANで採用された方式ですが、早くから脆弱性が指摘されていて、セキュリティ対策としては不十分であるため、可能な限りWPAまたはWPA2を選択します。

WPA（WPA2）-PSKは、パスワードの認証サーバを使わない端末を認

KEYWORD AES（Advanced Encryption Standard）
米国国立標準技術研究所（NIST）が開発した共通鍵暗号方式。最長で256ビットの暗号鍵を使用できる。

証して接続する方法です。「WPA（WPA2）パーソナルモード」と呼ばれます。PSK（事前共有鍵）は、アクセスポイントとクライアントの接続のために共有する暗号鍵（英数字と記号で構成される8～63文字のパスフレーズ）のことです。

　AESとTKIPは、WPA/WPA2で採用された暗号化方式です。AESのほうがTKIPよりも新しく強固なので、接続機器がサポートしていればAESを選択してください。オフィス内の標準規格をガイドラインなどで定め、できるだけシンプルな無線LAN環境でAESかTKIPを使いましょう。

▶無線LANのセキュリティ対策

　無線LANの基本的なセキュリティ対策は次のとおりです。

・機器のファームウェアのアップデートを忘れずに実施する
・アクセスポイントの管理者権限パスワードを定期的に変更する

　物理的に接続しないと侵入できない有線LANと比べ、屋外からでもデータが傍受可能な無線LANはセキュリティ面で脆弱です。たとえデータが暗号化されていても情報を解析されてしまう危険はゼロではありません。また、無線LANの技術は毎年進歩しているので、常に最新の技術で最高のセキュリティを利用できるように機器の更新も視野に入れておくべきです。

　アクセスポイントの設定が終了したら、正常に動作しているかどうか機器メーカーの専用ソフトウェアで接続を確認してください。動作の確認後、PCを無線LANに接続するための設定を行います。

手順2　PCの設定

▶無線LANの設定

　無線LANのアクセスポイントとそのSSIDなどを確認できたら、Windows 7で無線LANを設定します。Windows 7の標準的な仕様では、PCに無線LAN機器が組み込まれていれば自動的に無線LANの接続を開始して、「ワイヤレスネットワーク接続先が見つかりました」というメッセージが画面の右隅に小さく表示されます。手動では次の手順で設定します。

KEYWORD　TKIP（Temporal Key Integrity Protocol）
無線LANの暗号化方式の1つ。パケットごとに暗号鍵を自動生成する仕組みを取り入れている。

① [スタート] メニューから [コントロールパネル] → [ネットワークとインターネット] → [ネットワークと共有センター] → [ネットワーク設定の変更] の順に進み、[新しい接続またはネットワークのセットアップ] をクリックする
② [新しいネットワークのセットアップ] を選択して [次へ] ボタンをクリックする
③ ウィザードに従って、[ネットワーク名] (SSID)、[セキュリティレベル]、[暗号化の種類]、[セキュリティキー] などを、アクセスポイントに合わせて設定する (図2を参照)

■無線LANの開始と停止

① [スタート] メニューから [コントロールパネル] → [ネットワークとインターネット] → [ネットワークと共有センター] の順に進み、[アダプターの設定の変更] をクリックする
② [無線LANのアダプター] を右クリックし、[無効にする] または [有効にする] により停止と開始を選択する

図2 Windows 7での無線LANの設定画面

セキュリティについてはWPA、WPS2、802.1x認証などがある

Point

- 無線LANを構築するには、まずアクセスポイントにSSIDとMACアドレスを設定する
- アクセスポイントには暗号化方式としてWPA2を選択し、暗号化方式にはAESを選択する
- PCにはアクセスポイントのSSIDなどを設定する

Section 22

10台程度のクライアント／サーバ型LAN

専用サーバの導入方法

PCが10台程度のLANについては、PCが5台程度のピア・ツー・ピア型LANと異なる点として、サーバのハードウェアや設定方法を中心に説明します。有線LANおよび無線LANの基本的な設定方法は5台程度のLANと変わりません。

▎PCが10台程度のLANの構築手順

　PCが10台程度になる場合は、サーバを用意し、クライアント／サーバ型LANとして構築します。構築の手順は次のとおりです。

図1　PCが10台程度のLANの構成例

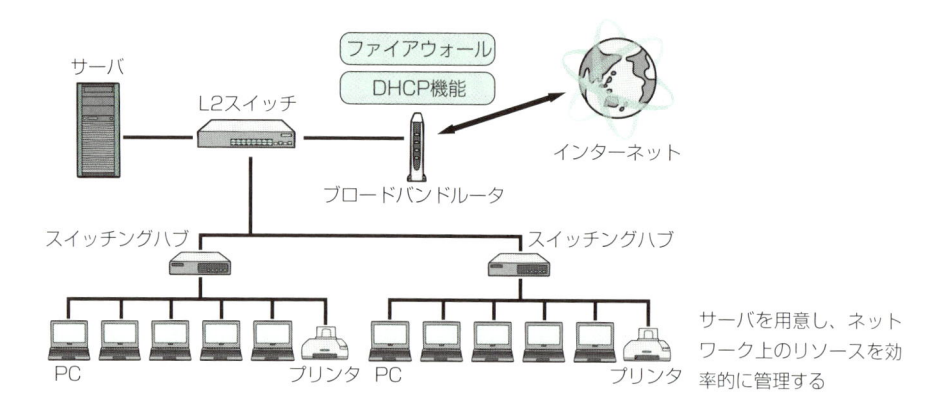

サーバを用意し、ネットワーク上のリソースを効率的に管理する

- 手順1　サーバの準備
- 手順2　ネットワーク上のPC構成の設定
- 手順3　ファイル共有の設定
- 手順4　アクセス制御の設定
- 手順5　他のOSでファイル共有サーバを設定

KEYWORD　SATA Ⅱ（Serial Advanced Technology Attachment Ⅱ）
PCとハードディスクドライブを接続するためのインターフェース。以前よく使われていたATA（IDE）をシリアル転送方式に変更し、高速化を図ったもの。

手順1　サーバの準備

●ハードウェアの注意点

　サーバといっても、PCが10台程度ならクライアントPCと同じ構成でも問題なく、高価なハードウェアを用意する必要はありません。ただし、メインメモリやハードディスクドライブ（HDD）の容量を多めに搭載するほか、筐体や電源、高速なネットワークインターフェースなどを考慮します。

●メモリとHDD

　メインメモリは最低4GB、理想的には8GB以上を搭載します。

　HDDは、SATA II※規格で記録密度（内部の円板1枚あたりの記録容量）が大きく、回転速度が高速なタイプを2台以上内蔵HDDとして搭載します。これは、1台目をOSとアプリケーション用、2台目をファイル共有用とすることで、HDD故障時の交換やバックアップを容易にするとともに、ファイルアクセスが集中した場合のHDDへの負荷を軽減する狙いもあります。

●筐体

　複数台のHDDを内蔵したサーバを連続して稼働させるには、PCの構成部品の熱やほこりの対策上、内部に余裕のある筐体が理想的です。筐体の開閉や部品の取り付けやすさも考慮して、「MicroATX※」仕様と呼ばれるタワー型以上を選び、2台のHDDは放熱を考慮してできるだけ離して取り付けます。電源は、電源容量に余裕があり、発熱が低く、静かなものを選択します。

●サーバ用OS

　将来、ネットワーク規模を拡大するときにActive Directoryに参加することやリモートデスクトップを利用することを考えてWindows 7 Professional Editionを選びます。

手順2　ネットワーク上のPC構成の設定

　ネットワーク上のPCの構成には「ワークグループ」「ドメイン」「ホームグループ」の3種類があり、ネットワーク上のPCや他の資源を管理する方法が異なります（表1を参照）。

KEYWORD　MicroATX

マザーボードの規格の1つ。MicroATX仕様のマザーボードを装着できる。筐体もMicroATX仕様とみなされる。

ホームグループはPCが5台程度の有線LANのときに選択します（Sec. 20を参照）。PCが10台程度の規模で、クライアントにWindows XPなども混在する場合にはワークグループが手軽で機能も十分です。より高度なユーザ管理およびセキュリティを求めるならドメインを選択します。
　ワークグループでは、各PCにユーザアカウントがあり、他のPCにログオンするにはそのPCのアカウントが必要になります。

表1　マイクロソフトのネットワークの比較

機　能	ワークグループ	ドメイン	ホームグループ
Active Directory対応	なし	あり	なし
ユーザ管理	自分のPC	ネットワーク全体	自分のPC
コンピュータ管理	自分のPC	ネットワーク全体	自分のPC
リソース管理	自分のPC	ネットワーク全体	自分のPC
セキュリティ	自分のPCのみ	ネットワーク対応	自分のPCのみ
パスワードログイン	自分のPCのみ	ネットワーク対応	自分のPCのみ
ネットワークグループ	複数	複数	1つ
サブネット	1サブネットのみ	複数サブネット対応	1サブネットのみ
対応Windows	ほとんどのWindows	Windows XP以降	Windows 7のみ

手順3　ファイル共有の設定

　ファイルを共有するには、共有したいファイルが保存されているフォルダ単位で、次の設定を行います。
①共有を許可するPCでエクスプローラーを開く
②表示されるツリーの中から共有するフォルダを選択した状態で、マウスを右クリックしてメニューを開く
③［共有］→［特定のユーザー］の順に選択する
④［ファイルの共有］で共有を許可する相手（ネットワークに参加している全員にアクセスを許可する場合は「Everyone」）をプルダウンメニューから選択し、［追加］ボタンをクリックする
⑤相手が追加されたら、［アクセス許可のレベル］をクリックし、アクセス

KEYWORD　Microsoft管理コンソール（MMC）
マイクロソフトや他のベンダーが開発した各種の管理ツールを利用するためのユーザインターフェースを提供するツールのこと。

レベル（[読み取り]のみを許可するか、[読み取り／書き取り]の両方を許可するか）を選択して[共有]ボタンをクリックする

ここまでの作業を行い、同じネットワーク（ワークグループ）にある他のPCからエクスプローラーを開くと、ネットワークツリーに共有を許可したPCとフォルダの名前が表示され、そのフォルダ内にあるファイルにアクセスできるようになります。

手順4 アクセス制御の設定

ファイル共有の設定で、ユーザに「Everyone」を追加した場合、ワークグループ上の誰でもアクセスが可能になります。10台規模のLANで、重要なデータに対するアクセスを制御したい場合、「Microsoft管理コンソール※」を使い、各PCのユーザまたはグループを追加します。

Microsoft管理コンソールは、[スタート]メニューの[プログラムとファイルの検索]ボックスに「mmc」と入力して起動します。

図2　ローカルのユーザとグループの管理

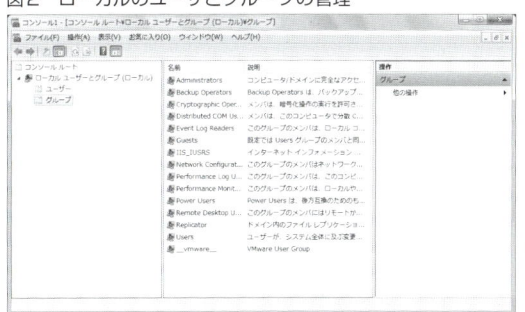

ローカルのユーザとグループを管理するほか、他のPCのユーザとグループも検索して追加することが可能

ユーザアカウントをグループに追加すると、フォルダ、プリンタ、その他のネットワークサービスへのアクセス制御をグループ単位で実行できます。

■ユーザアカウントのグループへの追加

①Microsoft管理コンソールの左側のウィンドウ領域で、[ローカルユーザーとグループ]をクリックする（表示されない場合、[ファイル]メニューの[スナップイン※の追加と削除]を選択し、[スナップイン]の「ローカ

KEYWORD スナップイン
Microsoft管理コンソールで利用できる各種の管理ツールのこと。

ルユーザーとグループ」を選択して追加する)
②［グループ］フォルダをダブルクリックする
③ユーザアカウントを追加するグループを右クリックして［グループに追加］－［追加］を選択する
④ユーザアカウントの名前を入力し、[名前の確認]と［OK］ボタンをクリックする

- アクセス制御の設定

①Microsoft管理コンソールで［ファイル］メニューの［スナップインの追加と削除］を選択し、［スナップイン］の「共有フォルダー」を選択して追加し、[OK]ボタンをクリックする
②左側のウィンドウ領域で［共有フォルダー(ローカル)］を展開して［共有］をクリックする
③右側の領域に表示される「共有名」を右クリックして［プロパティ］を選択する
④［共有のアクセス許可］タブでグループ名またはユーザ名のアクセス許可（フルコントロール、変更、読み取り）に対して［許可］または［拒否］を設定して、[OK]ボタンをクリックする

- ファイル共有における注意点

　セキュリティ上の理由から、Windowsがインストールされた「Cドライブ」全体やその配下の「Windows」フォルダなど、システムが管理するドライブ全体やフォルダは［共有］メニューでは簡単に共有できません。Cドライブ全体やWindowsフォルダを共有可能にすると、他のユーザがシステムファイルを変更、削除できてしまうので、共有可能に設定すべきではありません。

手順5　他のOSで共有サーバを設定

　ファイル共有サーバをワークグループで運用する場合、Windows以外にも、UNIX系、Linux系、Mac OS Xなどが混在した環境にも対応できる「Samba」(http://www.samba.gr.jp/)というオープンソースソフトウェアが

KEYWORD　Synapticパッケージマネージャ
Debian GNU/Linuxなどにおいてソフトウェアのインストールなどを管理する機能。

Windows NT/2000互換のファイルサーバやプリンタサーバとして広く使われています。

図3　Linux系OSにおけるSambaの設定

GUIとコマンドモードのどちらでもファイル共有の設定が行える

　Linuxでは、インストール時にSamba（フォルダの共有）を使用するように指定すると、Samba関連のモジュールが自動的にインストールされます。またはSynapticパッケージマネージャ※（Debian GNU/Linuxの場合。デスクトップの［システム］から起動する）で「samba」または「smb」で検索してインストールします。フォルダの共有は、次のように設定します（例：Linux Debian 2.6.26の場合）。

①デスクトップから［システム］→［フォルダの共有］の順に進み、［フォルダの共有］タブで共有プロトコルとして「Windowsネットワーク（SMB）」を選択して共有名などを設定する
②［全般的なプロパティ］タブでドメインまたはワークグループ名を、［ユーザ］タブで共有するユーザー名を設定する

Point

- PCが10台程度のLANでは、大容量のメモリと2台以上のHDDを内蔵したサーバを用意する
- Microsoft管理コンソールを使ってアクセス制御を行う
- オープンソースソフトウェアのSambaをファイル共有に利用できる

Section 23

50台程度の中規模LAN
Active Directoryの活用

PCが50台規模のLANでは、サーバやL3スイッチなどが複数の部門に分散化されたネットワーク構成になり、ユーザやセキュリティ管理を意識して運用する必要があります。ここでは、Active Directoryを中心に説明します。

PCが50台程度のLANの構築手順

　PCが50台規模のLANでは、L3スイッチに全社的なサーバに接続し、その配下の部門ごとにL2スイッチまたはL3スイッチとサーバやプリンタなどを配置する形態が一般的になります。構築の手順は次のとおりです。

図1　PCが50台程度のLANの構成例

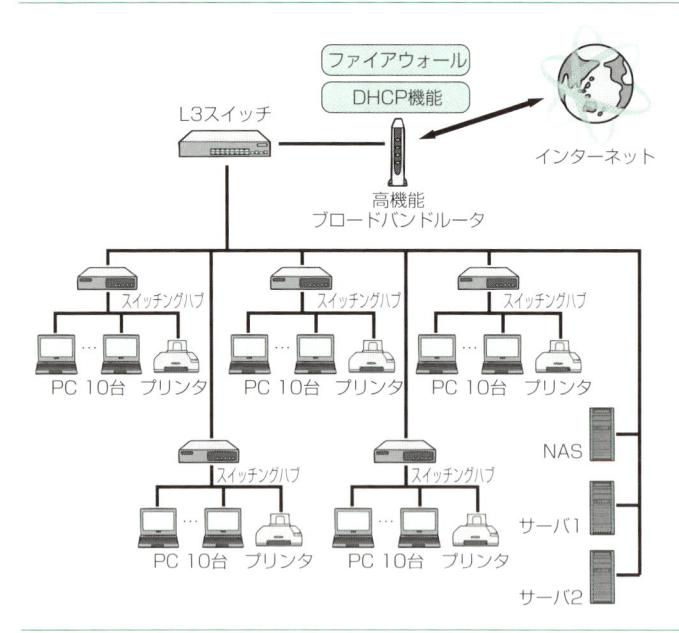

（図：L3スイッチ、ファイアウォール、DHCP機能、インターネット、高機能ブロードバンドルータ、スイッチングハブ、PC 10台、プリンタ、NAS、サーバ1、サーバ2）

部門ごとにL3スイッチを配置し、その配下にスイッチングハブを配置する

KEYWORD　VLAN（Virtual LAN）
ネットワーク上のPCをグループに分けることで、仮想的に複数のネットワークを構成すること。または分割したネットワークのことを指す。

手順1　VLANによるネットワークの分割
手順2　用途に合わせたサーバの導入
手順3　Active Directoryの導入
手順4　Active Directoryの設定
手順5　サーバの監視

手順1　VLANによるネットワークの分割

　セキュリティの向上やトラフィックの抑制のために、各部門のL2スイッチで内部を仮想的に複数のネットワークに分割するVLAN※化（仮想サブネットに相当）を行うと便利です。

　VLAN化は無線LANでも可能ですが、接続状況をケーブル配線から判断できないので、ネットワークアドレスを正確に把握しておかないと、管理が複雑になってしまうことに注意が必要です。また、オフィス内でIP電話を使っている場合はPCとトラフィックを分離させること、不正なPCはネットワークに接続させないことなど、VLANに固有の注意事項を事前に確認したうえで、導入しましょう。

図2　VLANの概念

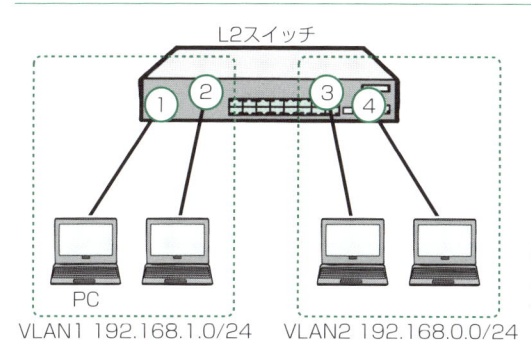

L2スイッチで接続ノードをグループに分け、ブロードキャストドメイン※を構成してサブネットとなる

VLAN1 192.168.1.0/24　　VLAN2 192.168.0.0/24

手順2　用途に合わせたサーバの導入

　PCが50台程度のLANでは、サーバは、ユーザ管理、ファイル共有、デー

KEYWORD　ブロードキャストドメイン
ネットワーク上でブロードキャスト（一斉同報）が送信可能な範囲のこと。

タベース、アプリケーションなど、用途に合わせて導入します。業務システムやグループウェアも、最近ではWebサーバを使ったイントラネット版が主流になっています。

データベースサーバ、アプリケーションサーバ、Webサーバは、メインメモリを最低8GB以上搭載します。サーバのその他の基本構成は10台規模の場合と同様ですが、データベースやアプリケーションは重要であるため、ファイル共有サーバとともに必ずバックアップや二重化の仕組みを導入しましょう。

手順3 Active Directoryの導入

PCが50台規模ではユーザ認証やセキュリティを考えて、ドメインとActive Directoryの導入をお勧めします。Active Directoryは、ネットワークの住所録ともいうべき「ディレクトリサービス[※]」の1つで、最も重要な機能にユーザアカウントの集中管理があります。ドメインでは、ドメインコントローラというサーバによる一元管理を採用しています。Windows Server 2008 R2のActive Directoryでは、電子メールやグループウェアなどのユーザ名とパスワードの情報に加え、Active Directory対応のリモート制御、ターミナルサービス[※]などのアプリケーションも管理できます。Active Directoryのクライアントには、Windows 7/Vista/XPのそれぞれProfessional Edition以上が必要です。

■ Windows Server 2008のライセンス

ライセンスはサーバ1台ごとに必要ですが、仮想サーバの利用を想定した「仮想インスタンスの数」が設定されており、高機能なサーバ上で仮想化により複数のサーバを稼働させた場合のライセンスに対応できます。さらに、クライアントアクセスライセンス（CAL）という、1ユーザまたは1端末ごとのライセンスが必要になりますが、ボリュームライセンスで購入すると安くなるので、事前にライセンス体系を確認しておきましょう。

KEYWORD ディレクトリサービス
ネットワーク上のファイルや周辺機器、アプリケーション、ネットワークを利用するユーザに関する情報などを一元的に管理するシステム。LDAPなどのプロトコルがある。

図3 Windows Server 2008 R2のライセンスの概念

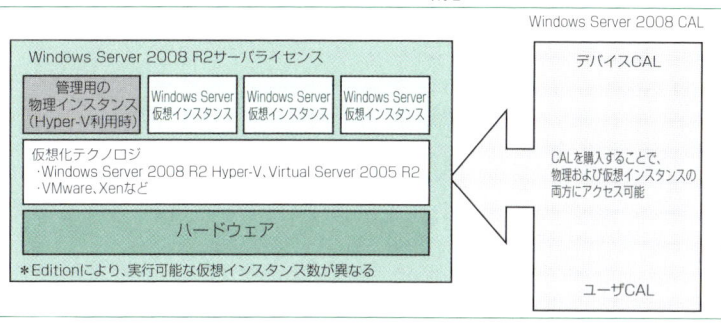

手順4 Active Directoryの設定

▶ドメインとOUの定義

　Active Directoryを設定する際にはまずドメインを定義します。Active Directoryでは、インターネットのDNSドメインのようにピリオドで区切って、トップのルートドメイン（例：my-domain.company.local）の下に子ドメイン（例：asahi.my-domain.company.local）を設定できます。このドメインの階層を束ねる単位を「フォレスト」と呼び、階層化も可能です。

　続いて、ドメイン内にOU（Organization Unit）と呼ばれるグループを作成し、OU単位でユーザ情報を管理します。OUは階層化も可能で、セキュリティのグループポリシーなどの設定にもこのOUを利用します。

図4 ドメインとOUの関係

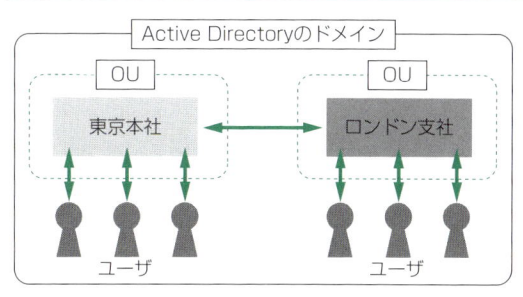

各ユーザは階層管理が可能なOUに所属し、OUが集まってドメインになる

KEYWORD　ターミナルサービス
ネットワークを介して別のWindows PCにログインし、そのPC上のリソースを利用可能にする機能のこと。リモートデスクトップは機能を限定されたターミナルサービスになる。

▶ Active Directoryの基本機能のインストール

　Active Directoryでは、ウィザード形式で設定管理を行います。基本機能として、次の手順で「Active Directoryドメインサービス」をインストールします。この機能がActive Directoryのドメインコントローラとなり、OUのユーザ、ネットワーク上のPCや周辺機器を管理します。

① ［スタート］メニューから［管理ツール］→［サーバーマネージャ］の順に進む

② 左側の領域で［役割］を選択し、右側の領域で［役割の追加］をクリックする

③ ［役割の追加ウィザード］の［サーバーの役割］で［Active Directoryドメインサービス］を選択し、［次へ］ボタンをクリックする

④ ［Active Directoryドメインサービスインストールウィザード］を開始し、［展開の構成の選択］で［新しいフォレストに新しいドメインを作成する］を、［追加のドメインコントローラオプション］で［DNSサーバー］を選択する

　これで、Active Directoryサービスが開始されます。

　基本機能のインストールが完了したら、ドメインに各クライアントのユーザ名とPC名を登録することで、各クライアントからドメインへのログインが可能になります。クライアントは、ドメインにログインしない限り、ネットワーク上の資源（共有ファイル、プリンタ、アプリケーションなど）にアクセスできません。管理者に許可なくネットワークにPCを接続しても資源を利用できないので、セキュリティが向上します。部外者がPCを持ち込む機会の多いオフィスなどでは、Active Directoryの導入が有効です。

▶ クライアントからのログイン

　Windows 7のクライアントPCからActive Directoryにログインするには、次の手順でドメイン参加の設定を行います。

① ［スタート］メニューから［コントロールパネル］→［システムとセキュリティ］→［システム］→［コンピューター名、ドメインおよびワークグ

KEYWORD　Active Directory管理センター
Active Directory上のユーザ、グループ、ドメイン、OUなどのリソースを管理するツール。

ループの設定]の順に進み、[設定の変更]をクリックする
② [システムのプロパティ]の[コンピューター名]タブで[変更]ボタンをクリックし、[所属するグループ]の[ドメイン]をオンにしてドメイン名を入力し、[OK]ボタンをクリックする

図5 Active Directoryのユーザ管理

Active Directory管理センター[※]で「Computer」を選択し、新規作成する際にコンピュータ名とそのNetBIOS名、管理者名、所属するグループを設定する

　ドメインにログインするには、Windowsのログイン画面でドメインを選択します。さらに、ドメインに登録されたPCであればユーザ名でドメインにログイン可能となります。ドメインからワークグループに設定を変更した場合、自分のPCはワークグループとして使えますが、社内ネットワーク上では自分のPCのワークグループとドメインが共存した環境になります。

▶ Active DirectoryとSambaの設定

　Active Directoryのファイル共有やプリンタサーバ機能は、「Samba」を使っても実現できます。まず、Sambaを搭載したPCをActive Directoryに参加させるために、SambaのPCでActive Directoryの管理者権限を使ってkinitコマンド[※]とnet ads joinコマンド[※]を実行します。続いて、SambaのPCにActive Directory上のユーザを登録し、Windowsからのアクセスを可能にします。

KEYWORD kinitコマンド
Active Directoryでユーザ認証に使われているKerberos認証システムにログインするためのコマンド。

図6 Mac OS XにおけるSambaのActive Directory参加の設定画面

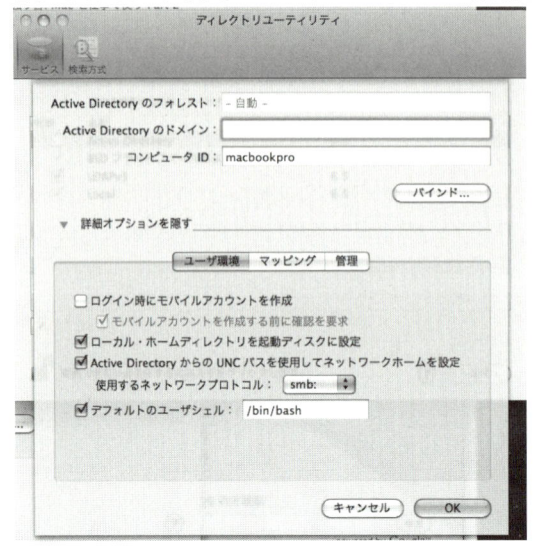

SambaによりActive Directoryにクライアントとして参加できるため、Windows、Linux、Mac OS Xが混在する環境が実現可能

手順5 ネットワークの監視

PCが50台規模になると、ネットワークの障害やレスポンスの分析が管理者の負担とならないように、PC、周辺機器、IPアドレス、ファイル共有などの運用状況をいつでも確認できる監視システムが必要です。

▶ Active Directory管理センターによる監視

Active Directory管理センターは、Active Directoryが動作しているWindowsサーバにログインし、［スタート］メニューから［管理ツール］→［Active Directory管理センター］の順に選択して起動します。なお、Active Directory管理センターは、Active Directory自身が管理している情報以外は監視できません。

KEYWORD net ads joinコマンド
Sambaを搭載したPCからActive Directoryに参加するためのコマンド。

図7　Active Directory管理センター

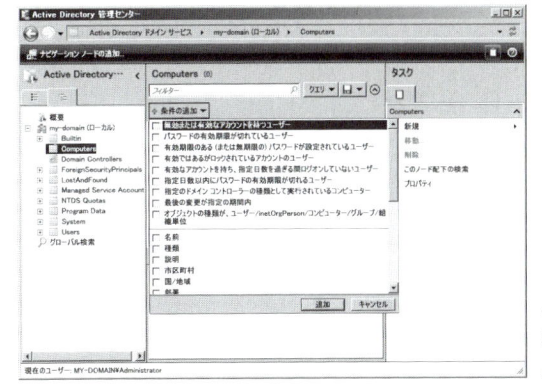

Active Directoryに参加しているPCの設定、ユーザ管理、Active Directory対応アプリケーションの管理と監視が可能

■フリーソフトウェアによる監視

　ネットワーク上のすべての情報を監視するにはフリーソフトウェアを使います。たとえば、SoftPerfect Network Scanner（英語版）は、IPアドレス範囲を指定してスキャンすると、PCのホスト名、MACアドレス、共有フォルダ、共有プリンタなどをツリー構造で表示し、Active Directoryの管理外のPCや周辺機器、ルータなどが接続されている状態も監視できます。

図8　フリーソフトウェアのSoftPerfect Network Scanner

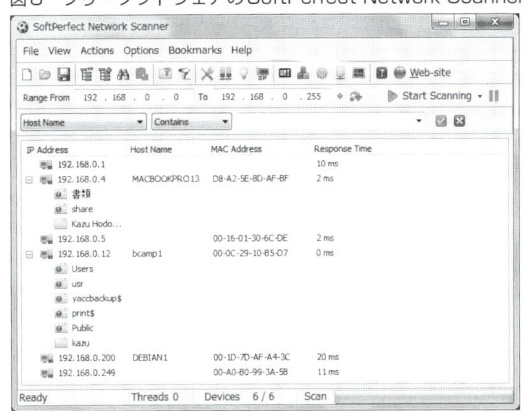

IPアドレスの範囲を指定してPCや周辺機器を調査して表示する。PCのリモートシャットダウンなども可能

Point

- VLANによりセキュリティの向上とトラフィックの抑制を図る
- Active Directoryの導入によりネットワーク管理を充実する
- ネットワーク監視ツールの導入で管理の可視化を実現する

3　小さな会社に適したネットワークのモデル

Section 24

オフィス間でリモート接続を行う場合のネットワークモデル
インターネットVPNの活用

VPNを利用し、本社や支社などの離れた拠点間を常時接続する方法や、自宅や外出先からPCでオフィスのLANにリモートアクセスする方法について説明します。

VPNの活用

　本社や支社など、離れた場所にあるオフィスのLANを接続する手段として、古くから専用線が使われていました。ただし、コストが高いことから、現在ではインターネットVPN※を利用する企業が増えています。

　インターネットVPNを利用すると、離れた場所にあるオフィスのLAN間での常時接続や、自宅または外出先のPCからの社内LANへのリモートアクセスが可能になります。最近では、スマートフォン向けにVPN接続を可能にするサービスやソフトウェアもあります。ここでは、VPNによるLAN間の常時接続とVPNの設定について説明します。

図1　VPNによるLAN間の接続の例

（グローバルIPアドレス）
ファイアウォール
DHCP機能
ブロードバンドルータ
スイッチングハブ
プリンタ　PC

インターネット
ダイナミックDNSサービス

（グローバルIPアドレス）
ファイアウォール
DHCP機能
ブロードバンドルータ
スイッチングハブ
プリンタ　PC

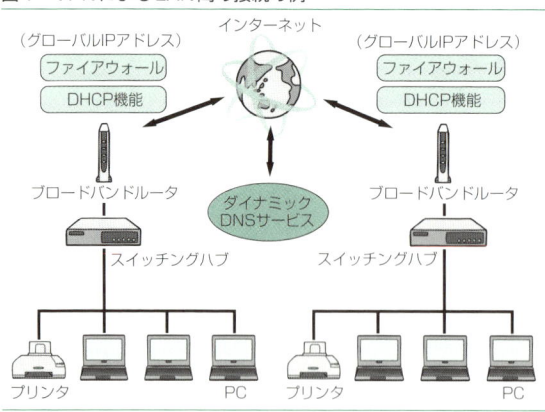

離れた拠点間でインターネットVPNを利用してLANを常時接続する

KEYWORD インターネットVPN

インターネット経由のVPNのこと。インターネットを利用するため、コストはかからないが、セキュリティや品質の面ではIP-VPN（次ページのKEYWORDを参照）に劣るといわれている。

120

VPNによるLAN間の常時接続

　インターネットVPNを利用すると、2つの拠点のLAN間を常時接続することができます。たとえば、本社と支社をインターネットVPNで接続する場合、次のような手順で設定を行います。

① ブロードバンドルータのVPN機能を設定し、本社側または支社側のどちらであるかを設定する
② グローバルIPアドレスまたはダイナミックDNSを設定する
③ 接続する拠点（本社の場合は支社、支社の場合は本社）のユーザID、パスワード、プライベートIPアドレスなどの情報を設定する
④ LAN同士を接続する

　拠点間を常時接続する場合、L3スイッチを両方に設置してルーティングやトラフィックの無駄を省くように設定しましょう。

VPNの設定

▶ブロードバンドルータの設定

　インターネットVPNを利用するためには、グローバルIPアドレスが必要です。VPN用にグローバルIPアドレスを取得していない場合には、一時的に動的なグローバルIPアドレスを取得できる「ダイナミックDNS」サービスを利用します。VPN接続が可能なブロードバンドルータには、ダイナミックDNS（またはグローバルIPアドレス）と、インターネットから接続する際に必要なユーザIDとパスワードを設定します。

▶PCの設定

　外部から社内LANにリモートアクセスを行う場合、Windows 7では次の手順で設定します。

① ［スタート］メニューから［コントロールパネル］→［ネットワークとインターネット］→［ネットワークと共有センター］→［ネットワーク設定の変更］の順に進み、[新しい接続またはネットワークのセットアップ]をクリックする

KEYWORD　IP-VPN

通信事業者の閉域IP通信網を経由するVPNのこと。インターネットとは異なり、閉じたIP通信網を利用するため、高いセキュリティや品質を確保できる。

② ［職場に接続します］を選択して［次へ］ボタンをクリックし、［インターネット接続（VPN）を使用します］をクリックする
③ ［職場への接続］で［インターネットアドレス］にグローバルIPアドレスを、［接続先の名前］に接続先の名前を入力して、［次へ］ボタンをクリックする（図2を参照）
④ ［ユーザー名］と［パスワード］（ドメインを使っている場合は［ドメイン］にドメイン名）を入力して、［接続］ボタンをクリックする

　これで、VPNへの接続が開始されます。

図2　Windows 7でのVPN接続の設定

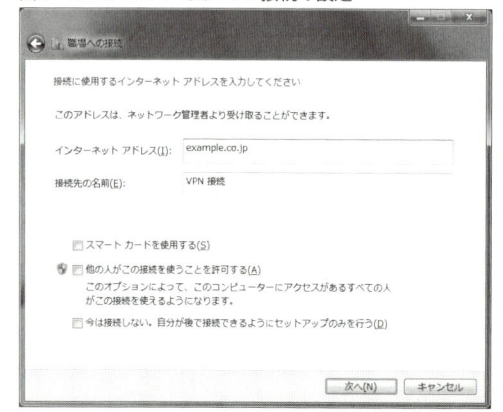

VPN接続は意外と簡単であり、Windows XPやVistaでも同様の接続が可能

　続いて、次の手順でVPN接続のプロパティを設定します。
① ［ネットワークと共有センター］→［アダプターの設定の変更］の順に進み、［VPN接続］を右クリックして［プロパティ］を選択する
② ［VPN接続のプロパティ］では、ブロードバンドルータのVPN機能の仕様に合わせて、「IPsecを利用したレイヤー2トンネリングプロトコル（L2TP/IPsec）」など、VPNの種類を設定する（図3を参照）

　これで、社外のPCからオフィスのネットワークにアクセスし、「Wake on LAN[※]」機能を活用してオフィスのPCを起動できます。
　「リモートデスクトップ」機能でオフィスのPCにログインすれば、オフィスのPCと同等の作業環境が自宅や外出先のPCで実現します。オフィスか

KEYWORD　Wake on LAN
特定のPCにネットワークを介してリモートからアクセスし、電源をオンにする機能のこと。

らPCを自宅や外出先に持ち出す必要がなく、セキュリティや業務の効率化に大きなメリットがあります。

図3 Windows 7でのVPN接続のプロパティの設定

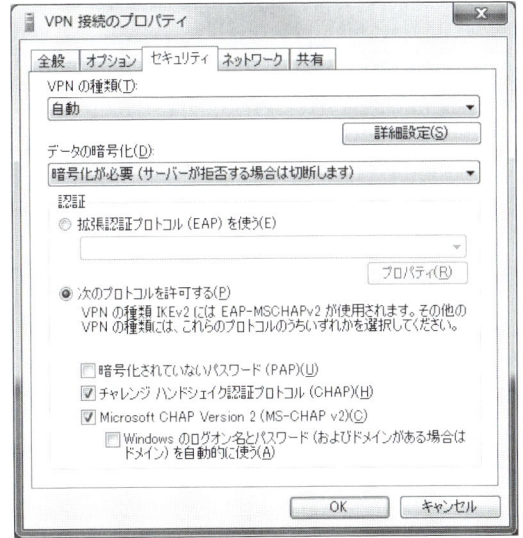

ブロードバンドルータの仕様に合わせてVPNのプロトコルや暗号化を設定する

VPNを利用する際の注意点

VPNは便利ですが、導入にはコストがかかることに注意してください。また、外部から社内LANへのリモートアクセスを利用する場合は、コストだけでなくセキュリティ面でのリスクを検討する必要があります。

情報はどこから漏れるかわかりません。社内LANにアクセスできる手段があると、ネットワーク管理者や経営者の知らない間に個人情報などの大事な情報が漏れる可能性があることを理解してください。簡単に情報を取り扱えるようになると、それに見合う形で管理体制も強固にしないと、機密情報が漏れやすい「人為的脆弱性」が存在する環境になってしまいます。セキュリティや管理に脆弱な部分がないか常に再確認しましょう。

Point
- VPNにより離れたオフィスのLAN間の常時接続が可能
- VPN接続によるリモートアクセスで自宅や外出先から社内LANにアクセス可能
- VPNを利用する際にはセキュリティを確保することが重要

Section 25

ネットワークを拡大するときの注意点

より高度なネットワークに必要なもの

事業規模が拡大すると、ネットワークの規模も大きく、複雑になっていきます。より高度なトラフィック管理とセキュリティが求められる環境では、L3スイッチやセキュリティ監視システムを導入しましょう。

L3スイッチの活用

　PCが50台規模のLANでも重要な役割を果たすL3スイッチですが、PC、周辺機器、情報端末などのノード数が1セグメントの上限である256を超えるより大規模なネットワークで広く使われています。このような大規模ネットワークは、複数のセグメントに分割する必要があり、L3スイッチを使うことで効率的なネットワーク構築が可能になります。

　スイッチングハブは低価格で便利ですが、どこかのPCで障害が起こるとネットワーク全体に影響が及びます。最悪の場合、「ブロードキャストストーム[※]」などにより、ネットワークのダウンが発生する可能性もあります。ネットワーク全体をいくつかのサブネットに分割しておけば、それぞれの管理者がサブネット内のファイル共有、PCやユーザの管理情報を独自に設定できるので、部署や拠点単位でセキュリティを設定したい場合に便利です。

　複数のサブネットを構築できるL3スイッチは、このようなセキュリティの向上に加え、ギガビットイーサネット対応のサーバを接続することでトラフィック効率の向上にも寄与します。特に、Windowsのファイル共有は、同一サブネット上へのブロードキャスト（一斉同報）を多用しながら共有リソース情報をまとめる「マスタブラウザ」を決めており、パケットが帯域を圧迫させる一因になるため、サブネット管理をうまく行うことが大切です。

KEYWORD ブロードキャストストーム
ハブの二重化などによりループ化されたネットワークで、ブロードキャスト（一斉同報）送信がネットワークの帯域幅を占有してしまい、通信が行えなくなる状態。

L2スイッチとL3スイッチの違い

　L2スイッチは、MACアドレスをもとにデータ転送を行い、スイッチングは単一のサブネット内でのみ行います。L2スイッチをVLANでグループ化する場合、上位にルータを導入してルータ経由にすることでVLAN同士の通信を行います。

　これに対しL3スイッチは、ルータを使わずにスイッチ自体がIPプロトコルのルーティングテーブルを使って異なるサブネット間の通信を中継します。L3スイッチは、この中継処理をASIC※と呼ばれるハードウェアで実現しているため、ルータと比べて高速な処理を実現しています。

図1　L2スイッチのVLANとL3スイッチ

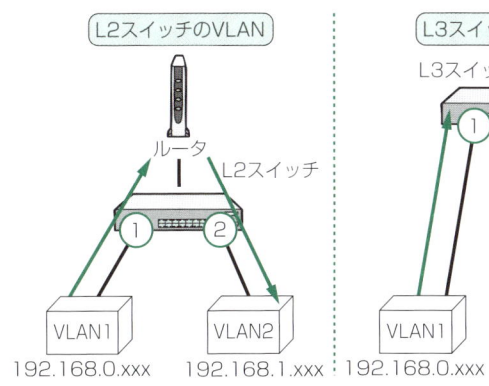

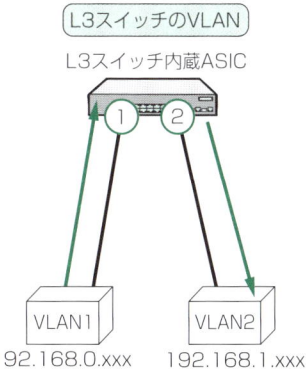

L2スイッチのVLANでも異なるサブネットを設定できるが、サブネット同士の通信にはルータが必要になる

　多くのL3スイッチでは、VLANをGUIで設定できます。IPアドレスとサブネットの複雑な設定を容易に行えるので、専任のネットワーク技術者がいない中小企業でも導入しやすいと言えます。VLANで分割されたサブネット間はIPアドレスで中継できるので、IPアドレスやポートへの中継をブロックする「フィルタリング」機能もGUIで設定できます。L3スイッチは、このフィルタリングもASICで実行するため、非常に高速な処理を行えます。

　L3スイッチはサブネット管理を行い、無駄なトラフィックを減少させ、他の部署やインターネットへのアクセス時だけルーティングを行うため、ネットワーク全体のパフォーマンスが向上します。

KEYWORD　ASIC（Application Specific Integrated Circuit）
特定の用途向けに作られた集積回路のこと。用途により、注文を受けてゼロから作成するものと、特定機能を持つ回路を組み合わせて配線を変えて作成するものがある。

図2　L3スイッチのフィルタリング

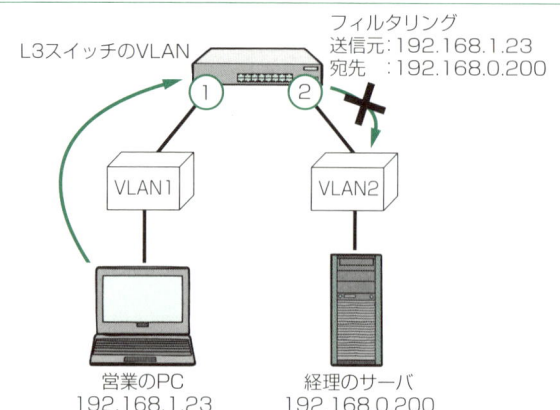

```
　　　　　　　　　　　　フィルタリング
　　　L3スイッチのVLAN　 送信元:192.168.1.23
　　　　　　　　　　　　宛先　:192.168.0.200
```

IPアドレス単位でフィルタリングを行うと、たとえば経理部のサーバにアクセスできるユーザを限定するなどの制御が可能になる

営業のPC　　　　経理のサーバ
192.168.1.23　　192.168.0.200

高度なセキュリティ対策

　大規模なネットワークになるとセキュリティも複雑化し、常時監視を行うツールの必要性が高まってきます。監視ツールは、サーバ、LAN、セキュリティのカテゴリで個別に運用します。有線LANの場合、Sec. 23で紹介したネットワーク上のPCスキャンソフトウェアも有効です。無線LANの場合は、さらにオフィス内の無線LAN機器の状態を監視できるツールが必要です。ネットワーク機器メーカーには、複数のサブネットに接続している機器の稼働状態や設定情報などを、GUI画面で表示管理できるシステムを提供しているところもあります。ネットワーク機器を導入する場合、このような管理ツールに対応しているかどうかも検討しましょう。

　オフィス内で、社員、臨時スタッフ、外部協力会社スタッフなどがPCやUSBメモリなどを持ち込む際は、「デジタル機器持ち込み基準セキュリティポリシー」を明確化し、管理者の許可なしにネットワークやPCへ接続できないようにします。PCを無断でネットワークに接続しようと試みても、ネットワーク監視ツールで確認できます。また、Active Directoryにより周辺機器の接続を制御することもできます。

KEYWORD　ローカルグループポリシー

ローカルコンピュータの機能を制限すること。Windows 7では、Microsoft管理ツール（MMC）のローカルグループポリシーエディターで細かい設定を行うことができる。

Active Directoryを使わない場合、PCの導入の際にWindowsの管理者権限パスワードをネットワーク管理者以外に知られないようにして、Windows 7 Professional以上でローカルグループポリシー※エディターを利用します。

① ［スタート］メニューの［プログラムとファイルの検索］ボックスに「gpedit.msc」と入力して起動する
② 対象となるPCを選択して［管理者用テンプレート］の［システム］を展開する
③ ［リムーバブル記憶域へのアクセス］で制御する項目を設定する

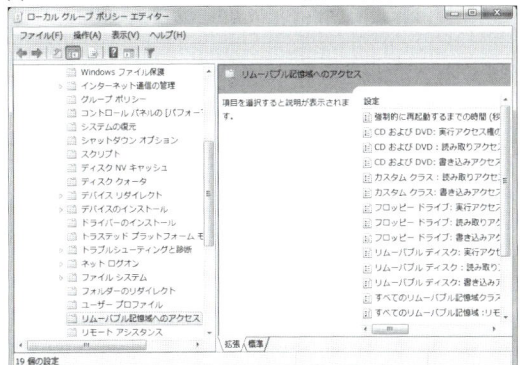

図3　Windows 7でUSBメモリの接続を制御

PCに接続したUSB外部メモリの書き込みなどの動作を制御できる

　企業のネットワークは、コンピュータウイルス、故意によるデータの持ち出し、人的ミスによる情報漏洩などの危険に常にさらされています。PCの持ち込みやUSBメモリによるデータの持ち運びの問題は、人に関するセキュリティポリシーを明確にし、常に社員教育を実施していなければ解消されません。社員の異動、協力会社の変更など、日々の業務は変化しており、セキュリティ管理もその変化に対応していく必要があります。

> **Point**
> - L3スイッチでセキュリティとパフォーマンスを向上する
> - 大規模LANでは常時監視が可能な監視ツールを導入する
> - セキュリティポリシーでUSBメモリによるデータの持ち運びを制限する

Column

スマートフォンとタブレット
可用性に優れるがセキュリティ対策が必要

　最近話題のスマートフォンやタブレットは、場所を選ばずに利用でき、無線によるネットワーク接続が前提になっています。特にタブレットは、インターネット接続や社内LANへのリモート接続を利用した情報収集や他者とのコミュニケーションなど、PCとほぼ同じ目的で使われます。今後、タブレットからリモートアクセスで社内ネットワークに接続し、業務を効率的に処理していくビジネススタイルが、医療、教育、サービス業などの業種や営業、購買などの職種を中心に普及していくでしょう。

　ただし、スマートフォンやタブレットは、手軽に利用できるからこそ、個人情報やデータファイルの管理が重要になります。企業では、リモート接続を行うときにはVPNを利用し、セキュリティを確保することが必須となります。今後、顧客ひとりひとりに細やかに対応する「One to Oneマーケティング」が普及すれば、ユーザ個人にも企業と同等のセキュリティ管理が求められるようになるでしょう。

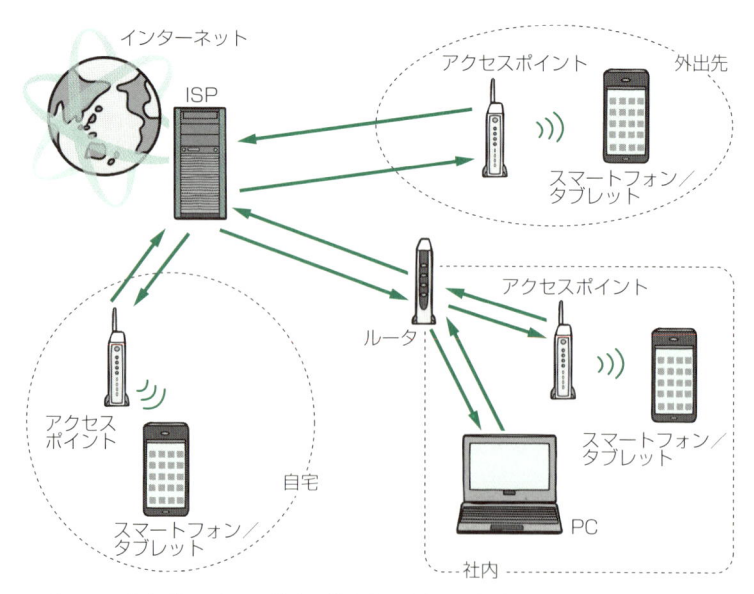

スマートフォンやタブレットで、社内、外出先、自宅から無線でインターネットや社内LANに接続する

第4章

業務を効率化する データ共有の仕組み

26	データとリソースの共有でコラボレーションを活性化
27	Windows 7でデータを共有する
28	WindowsとMac OS Xでデータを共有する
29	グループウェアで効率よく情報を共有する
30	スプーラの活用でプリンタを便利に使う
31	オンラインストレージを活用する
32	インターネットを業務で有効に活用する
33	Webサイトで企業のイメージアップを図る

Section 26 データとリソースの共有でコラボレーションを活性化

データとリソースを共有するメリット

社内コラボレーションを活性化する鍵は「情報共有」、特にファイル共有リソースです。そのメリットとデメリット、さらには周辺機器のリソース共有により実現するコスト削減やエコロジーへの貢献について説明します。

データとリソースの共有とコラボレーションの活性化

　ネットワーク上のデータとリソースを共有し、コラボレーションを行うことは、企業に多くのメリットをもたらします。たとえば、「アナログ」データを「デジタル」データに変換して共有することで、業務の効率、正確性などが飛躍的に改善されます。また、グループウェア、社内ポータルサイト[※]、IP電話の音声情報などは、使い方次第で業務の効率を著しく向上させます。ワープロ、表計算、電子メールなどのファイルを共有することで、情報の再利用とその速度の向上が促進され、社内コラボレーションを活性化できます。

　その半面、セキュリティを含めた「情報リテラシー」をしっかり確保しないと、トラブルや運用管理コストが余計にかかってしまうというデメリットがあります。たとえば、「ファイル共有」の管理が不十分であれば、編集やコピーが容易に行われてしまい、信頼性が低下します。

情報リテラシーとは

　情報リテラシーは、「情報」と識字力を意味する「リテラシー（literacy）」を組み合わせた用語です。「ITを使いこなす能力」を表すコンピュータリテラシー[※]と混同されがちですが、本来は「情報を自分で使いこなす能力」そのものを指します。

　言い換えると、情報が必要なときに、効率良く探し、内容を吟味し、使う

KEYWORD ポータルサイト
インターネットにアクセスする際の入口（ポータル）となるサイト。イントラネットの入口となる社内ポータルサイトは、情報の共有化や効率的な利用を促進し、企業の生産性の向上に寄与する。

ことができる能力です。PCを使って情報を検索して、その妥当性を検討し、社会や文化などとの関わりを知ることができる能力であり、求められるのはアプリケーションやインターネットの検索をうまく使いこなせるスキルだけではありません。情報リテラシーを備えた人の条件を次にまとめます。

- PCを使える能力で、OS、電子メール、ワープロや表計算ソフト、Webブラウザなどの基本操作ができる
- PCを操作しながら、環境や使い方などの変更に柔軟に対応し、学ぶことができる
- PCを含むデジタル機器のさまざまなデータを理解し、上手に取り扱い、学ぶことができる
- メディア、社会に散在する情報を効率的に収集し、その背景にある経済、文化、倫理などとの関係を分析、評価でき、学ぶことができる
- 情報を収集し、理解、活用、管理する際に、情報にまつわる他者への配慮を理解し、実践できる

ビジネスの現場では、複数の情報源を使用して意思を決定し、他者へのさまざまな配慮と尊重に基づく情報活用が求められます。データやリソースの共有によりコラボレーションを活性化するには、情報リテラシーを意識したネットワークの管理、社内教育を徹底することを推奨します。社内でネットワークガイドラインやセキュリティポリシーを策定する際には情報リテラシーも取り込むようにしましょう。

Active Directoryによるリソースの共有

Active Directoryは、ネットワーク上でユーザ情報、プリンタ、ファイル、電子メール、アプリケーションなどのリソースの管理を効率的に行うディレクトリサービス機能です。Active Directoryでリソースを管理する場合、「グループポリシー※」を利用してPCの設定を統一すると便利です。グループポリシーにより、アクセス権の設定、アプリケーションのインストール、Webブラウザの設定、フォルダのリダイレクトなどを一括して実行できます。

KEYWORD コンピュータリテラシー

コンピュータに代表されるIT機器を駆使して目的を達成できる能力。現在では、インターネット、情報通信、デジタル機器、PCなどを使いこなすことも含む概念ととらえられる。

Active Directoryのグループポリシーは機能が豊富なので、最低限の必要な管理機能から導入し、情報リテラシーを踏まえて本当に共有が必要なリソースなのかを考えましょう。ファイル共有も、部門やオフィスごとにどのような書類を共有すればよいのか現場の意見を聞きながら、リソース共有の運用ルールを構築しましょう。

図1　Active Directoryのディレクトリサービスの概念

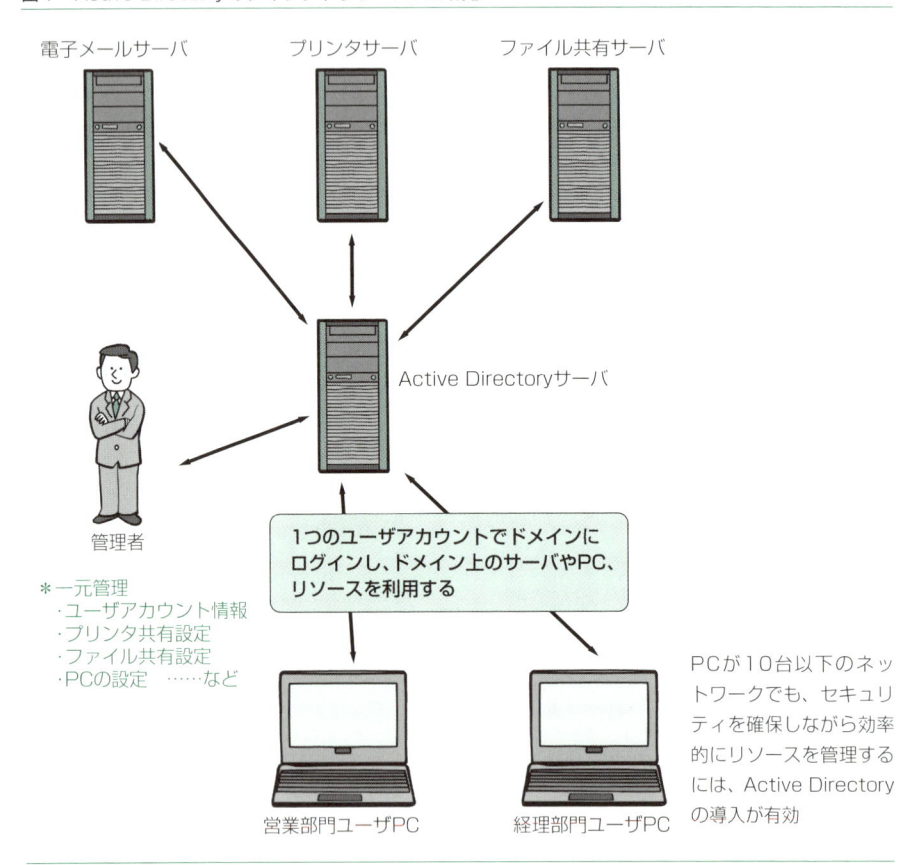

電子メールサーバ　　プリンタサーバ　　ファイル共有サーバ

Active Directoryサーバ

管理者

＊一元管理
　・ユーザアカウント情報
　・プリンタ共有設定
　・ファイル共有設定
　・PCの設定　……など

1つのユーザアカウントでドメインにログインし、ドメイン上のサーバやPC、リソースを利用する

営業部門ユーザPC　　経理部門ユーザPC

PCが10台以下のネットワークでも、セキュリティを確保しながら効率的にリソースを管理するには、Active Directoryの導入が有効

KEYWORD　グループポリシー

Active Directoryでは、コンピュータやユーザ単位での詳細な設定や機能制御を、サイトやドメイン、OU（Organizational Unit、組織単位）に割り当てることで一元管理できる。

図2　Active Directoryのグループポリシーエディター

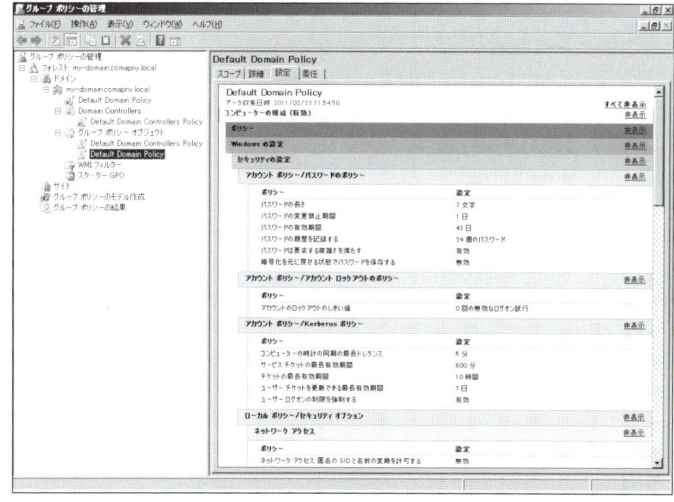

セキュリティ関係のグループポリシーはドメイン単位が原則で、部門ごとに設定できる

▍データとリソースを共有する方法

　データやリソースを共有する方法には次のようなものがあります。Sec. 27以降では、コラボレーションを活性化するためにデータやリソースを共有する方法を紹介します。

■データの共有
・Windows 7でネットワーク上のファイルやフォルダを共有する
・WindowsとMac OS Xでデータを共有する
・グループウェアを活用して情報を共有する

■リソースの共有
・ネットワーク上のプリンタを共有する
・オンラインストレージを活用する
・インターネット接続を共有する
・企業Webサイトを活用する

Point
- データとリソースの共有で業務の効率化とコスト削減を実現
- 自社の情報リテラシーに合った共有を考える
- Active Directoryのグループポリシーの活用も検討する

133

Section 27 Windows 7でデータを共有する
ファイル共有の設定方法

Windows 7でファイルを共有するための設定方法について説明します。また、パブリックフォルダへのアクセス制限とネットワークドライブの設定方法も紹介します。

Windows 7でのデータの共有

ワークグループ上で、PC内の任意のファイルやフォルダを他のPCからアクセス可能にするには、次の作業を行う必要があります。

手順1　ユーザアカウント[※]のパスワードの設定
手順2　［共有の詳細設定変更］でPCの共有許可の設定
手順3　共有フォルダの設定

手順1　ユーザアカウントのパスワードの設定

① ［スタート］メニューから［コントロールパネル］→［ユーザーアカウントと家族のための安全設定］→［ユーザーアカウント］の順に進む（図1を参照）

図1　ユーザアカウントの設定

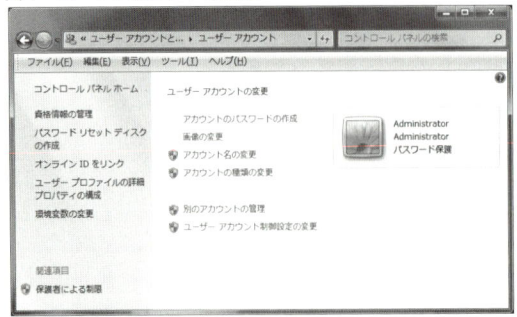

ユーザアカウントについては、パスワード以外にも、暗号化の証明書やセキュリティのオプションの設定も行える

KEYWORD　ユーザアカウント

ユーザ名やパスワードなど、コンピュータの利用者を識別するための情報や、利用者の権限などを指す。Windowsの［ユーザーアカウント］では、アカウント名やパスワードの変更、画像の登録などができる。

134

② ［別のアカウントの管理］をクリックしてパスワードを作成または変更するアカウントを選択し、［パスワードの作成］（または［パスワードの変更］）をクリックして任意のパスワードを入力する

手順2 ［共有の詳細設定変更］でPCの共有許可の設定

① ［スタート］メニューから［コントロールパネル］→［ネットワークとインターネット］→［ネットワークと共有センター］の順に進み、［共有の詳細設定の変更］をクリックする
② ［ホームまたは社内］を展開し、［ネットワーク探索］、［ファイルとプリンターの共有］、［パブリックフォルダーの共有］、［パスワード保護共有］の各項目を「有効」に変更する
③ ［パブリック］を展開し、②と同じ4つの項目を「有効」に変更して、［変更の保存］ボタンをクリックする

手順3 共有フォルダの作成

① エクスプローラー※を開き、共有したい任意のフォルダを選択して、上部の［共有］プルダウンメニューから［特定のユーザー］を選択する（またはフォルダを右クリックして［共有］の［特定のユーザー］を選択する）
② ［ファイルの共有］でユーザを選択して［追加］ボタンをクリックする
③ ［アクセス許可のレベル］で「読み取り」または「読み取り/書き取り」のどちらかを選択し、［共有］ボタンをクリックして完了する
④ 必要に応じて、［電子メールを送信］やリンクの［コピー］を選択して、［終了］ボタンをクリックする（図2を参照）

　また、フォルダを右クリックして［プロパティ］を選択し、［共有］タブで［詳細な共有］ボタンをクリックすると、次の設定が可能になります（図3を参照）。

・［追加］ボタン：共有するユーザ数の設定（図4を参照）

KEYWORD　エクスプローラー
コンピュータが搭載しているハードディスクやCD/DVDドライブなどを一覧で表示し、ファイルやフォルダを管理するツール。Windows 7では［スタート］ボタンの右のアイコンから素早く起動できる。

図2 フォルダ共有の連絡

フォルダの共有を設定したことを知らせる電子メールを送信できる

図3 ［詳細な共有］の設定

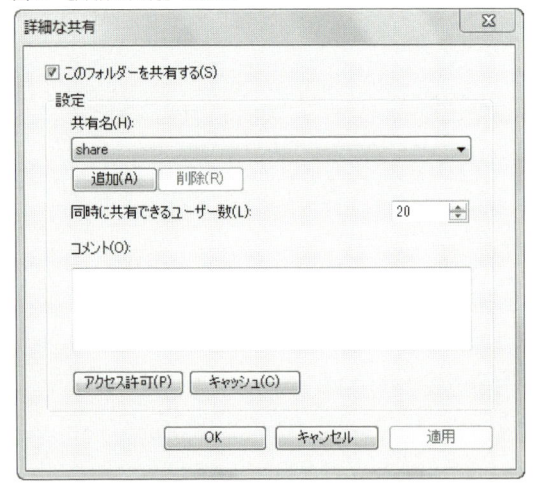

共有に関連して、ユーザ数や共有名の説明などの詳細な設定が可能

図4 ［新しい共有］の設定

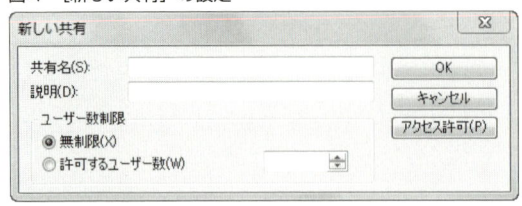

共有するユーザ数を設定できる

KEYWORD キャッシュ

コンピュータ上のデータを一時的に蓄えてアクセスを高速化する仕組み。共有フォルダのキャッシュ機能を利用すると、オフライン時でもネットワーク上の共有ファイルにアクセスできる。

図5　フォルダのアクセス許可の設定

この手順でアクセス制御を行う場合、ユーザまたはグループの詳細設定が可能

・[アクセス許可] ボタン：グループまたはユーザ名のアクセス許可の設定（図5を参照）
・[キャッシュ※] ボタン：オフラインの設定

エクスプローラーの設定の変更

Windows 7では、エクスプローラーのデフォルトの設定を変更すると、共有しているファイルやフォルダを参照しやすくなります。

▶ファイル名の拡張子の表示

① エクスプローラーの [ツール] メニューで [フォルダーオプション] を選択し、[表示] タブをクリックする
② [詳細設定] で [登録されている拡張子は表示しない] をオフにし、[適用] ボタンをクリックする（図6を参照）

この設定を行うと、エクスプローラーでファイル名の拡張子まで表示されるようになります。WordやExcelなどのファイルはバージョンによって拡張子が異なります。たとえば、Office 2007以降ではWordファイルの拡張子

KEYWORD　docx
末尾に「x」が付く2007以降のOfficファイルは、XML形式で文書を記述し、ZIP形式で自動圧縮されている。これによってファイルの容量が小さくなり、解凍するとXML形式のファイルを取り出せる。

は「.docx※」ですが、Office 2003以前では「.doc」です。ファイル名を拡張子まで表示するようにすれば、ファイル名が同じでもバージョンが異なることがすぐにわかって便利です。

図6　フォルダのオプションの設定

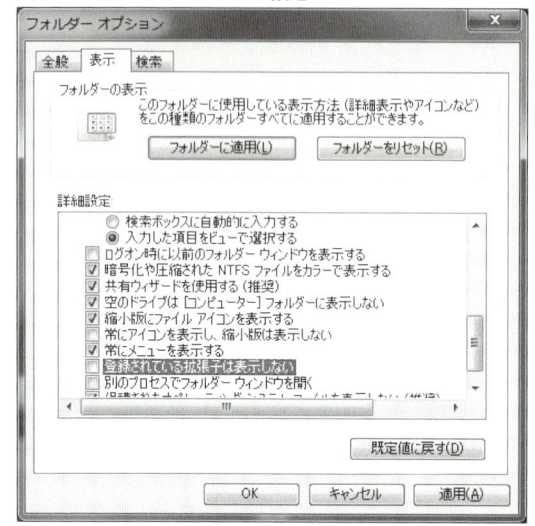

［表示］タブで［登録されている拡張子は表示しない］をオフにしてファイル名の拡張子が表示されるようにする

■隠しファイル※の表示

　［詳細設定］で［隠しファイル、隠しフォルダー、および隠しドライブを表示する］をオンにすると、ワープロや表計算などのアプリケーションが作業用に使用する一時ファイルがエクスプローラーで表示されるようになります。この設定は、アプリケーションが途中で終了された場合にファイルを復元したり、無駄にハードディスク領域を占有しているファイルを削除したりするときなどに便利です。ただし、Windowsやアプリケーションの動作に必要な隠しファイルや隠しフォルダも多く、これらを不用意に削除すると最悪の場合、Windowsが起動できなくなるので、注意してください。

パブリックフォルダへのアクセス制限

　Windows 7には、「パブリックフォルダ」という共有フォルダがデフォル

KEYWORD　隠しファイル
OSやアプリケーションの設定ファイルや、アプリケーションの動作中に作成される一時ファイルなどは、むやみに書き換えられたり削除されたりしないようにアプリケーションの機能によって隠されている。

トで設定されています。パブリックフォルダは、同じPCを使っているユーザ（パスワードが必要）やネットワーク上の他のユーザと共有できます。

　ただし、ネットワークからパブリックフォルダにアクセスできるユーザを個別に選択することはできません。ネットワーク上のすべてのユーザにアクセスを許可するか、許可しないかのどちらかになります。

　パブリックフォルダにアクセスできるユーザにファイルの読み取りだけを許可するか、変更や作成もできるようにするかを選択することで、簡単なアクセス制御を行うことは可能です。［ネットワークと共有センター］の［共有の詳細設定の変更］でパブリックフォルダに対し、［パスワード保護共有］を有効にしておくと、使用しているPCのユーザアカウントとパスワードを持つユーザのみにアクセスを制限できます。

ネットワークドライブの設定

　ネットワーク上の共有フォルダを次の手順でネットワークドライブに割り当てると、共有フォルダが自分のPCに表示され、自分のPCの内部ドライブであるかのように使用でき、たいへん便利です。

① エクスプローラーの［ツール］メニューで［ネットワークドライブの割り当て］を選択する

② ［参照］ボタンをクリックして共有フォルダを選択し、ドライブ文字を選択して［完了］ボタンをクリックする

　ネットワークドライブは簡単に作成または削除できます。頻繁に使用する共有フォルダはネットワークドライブを割り当てると、直接必要なファイルを参照できるようになります。

Point
- 共有するファイルやフォルダの設定方法を理解しよう
- エクスプローラーのフォルダのオプションを便利にカスタマイズ
- ネットワークドライブの設定は簡単で便利

Section 28 WindowsとMac OS Xでデータを共有する

Mac OS XでWindowsのデータを利用

Mac OS Xは、DTPやマルチメディアの分野で広く使われています。オフィスでは、Windows系PCと併用する場合も少なくありません。Mac OS XでWindowsのデータを利用する方法について説明します。

WindowsとMac OS Xのデータの互換性

　WindowsとMac OS Xのデータを相互に交換する場合、一般的には同じアプリケーションで作成したファイルであれば互換性があると考えて差し支えありません。ファイルの拡張子を同じにすれば、データを交換して読み取ることが可能です。たとえば、Microsoft OfficeもWindows版とMac OS X版でデータの互換性が確保されています。

　きれいな文書やプレゼンテーションの作成には、使用するフォントやアイコンが美しいMac OS Xのほうが良いと考え、Windowsと使い分ける人もいます。ただ、テキストファイルのような汎用データは、保存形式によって文字コードや制御コードが異なり、互換性がない場合もあるため、注意が必要です。

Mac OS X上でのWindowsの起動

　Mac OS X上でWindowsを起動して、データを共有することもできます。

- Boot Camp

　インテル製のCPUを搭載するMac OS Xでは、アップル社が開発した「Boot Camp」によりWindowsを起動できます。

　Boot Campでは、Mac OS Xを再起動する際にWindowsとMac OS Xのどちらを起動するか選択でき、Windowsを起動した場合、ほとんどの機能は

KEYWORD 仮想化
コンピュータや周辺機器を、物理的な構造とは別に論理的に再構成すること。物理的な1台のサーバで複数のサーバをまとめて運用したり、複数台のHDDを1台の仮想HDDとして扱うことができる。

Windows系PCと同じになります。ただし、Mac OS Xのキーボードは配列やファンクションキーの一部がWindowsとは異なります。慣れるまで多少面倒ですが、両者に対応したキーボードも販売されています。

■仮想化ソフトウェア

「VirtualBox」などの仮想化※ソフトウェアをインストールして、Mac OS X上でWindowsを起動することもできます。仮想化ソフトウェアにより、Mac OS X上で仮想的にもう1台PCが動作し、Windowsが動く状態になります。キーボード以外はWindows系PCと同じ機能を利用可能です。仮想化ソフトウェアで起動したWindowsへ他のPCからリモートデスクトップで接続することもできます。リモートデスクトップで接続すると、キーボードの配列はWindows系PCのものと同じになるので操作性にも問題はありません。必要なときに起動でき、バックアップも大きな仮想化ファイルの保存だけでよく、データを2つの仮想化Windows間でコピーすることも可能です。

図1 MacintoshでWindowsを起動

仮想化を利用してWindowsを起動し、バックアップなどもWindowsを丸ごとファイルでコピーできる

■Mac OS Xにおけるファイル共有の設定

Mac OS Xには、Windowsとのファイル共有のためにSambaが標準で組み込まれており、共有設定を行うことでWindows系PCからアクセスできます。Mac OS XとWindowsのファイル共有プロトコルには、SMB※とFTP※が使

KEYWORD SMB（Server Message Block）
Windows系OSのネットワークで、ファイル共有やプリンタ共有を行うためのプロトコル。SMBを含むSambaによって、UNIX系OSとWindows系OSでの共有も可能になる。

われます。ただし、Mac OS X上では、ファイルに同時にアクセスできるクライアント数に制限があり、標準では10ユーザまで、それ以上は別途Mac OS Xのサーバライセンスが必要です。

① アップルメニューで［システム環境設定］を選択する
② ［表示］メニューから［共有］を選択する
③ ［共有フォルダ］でフォルダを選択し、ユーザの権限（読み／書き、読み出しのみ、書き込みのみ、アクセス不可）を設定する（図2を参照）

図2　Mac OS Xのファイル共有の設定

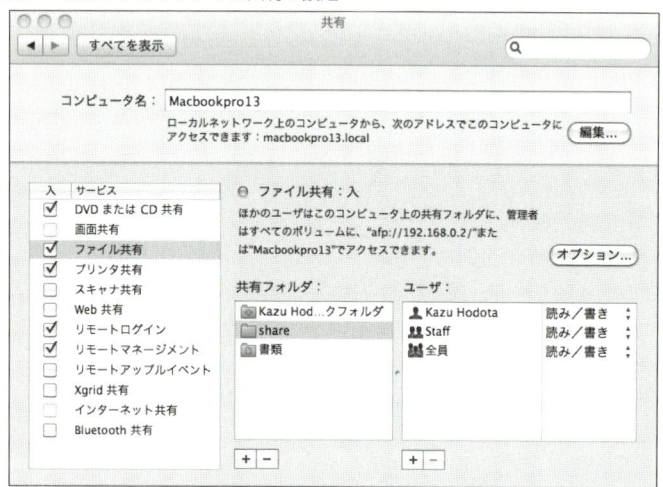

プリンタ、スキャナなども共有の設定が可能だが、ドライバが異なるのでファイル共有が主な用途となる

④ ［オプション］ボタンをクリックしてネットワーク通信プロトコル（Windowsの場合はSMB）を選択する
⑤ ［NetBIOS名］（コンピュータ名）と［ワークグループ］を入力して［OK］ボタンをクリックする

　これで、Mac OS Xのフォルダがネットワークで共有フォルダとして認識されます。Mac OS Xでも、ネットワークでファイルを共有するためにはWindows 7と同様に「ユーザアカウント」と「パスワード」の設定が必要になります。

KEYWORD　FTP（File Transfer Protocol）
インターネットやイントラネットなど、TCP/IPで接続されたネットワークでファイルを転送するときに使われるプロトコル。

WindowsとMacintoshの混在環境の注意点

　WindowsとMac OS Xではファイルの属性が異なります。そのため、両者が混在するネットワークでは、双方で認識できる拡張子を設定し、拡張子とアプリケーションの関連付けも共通するように設定しましょう。

　また、Mac OS Xでは、「リソースフォーク」という属性情報を含む「隠しファイル」が作られており、Windowsへファイルをコピーすると「.DS_Store」という名前の隠しファイルとして保存されます。このような隠しファイルは、必要に応じてWindows側で削除します。

　ファイル名も、OSの仕様上、定義が異なるので、なるべく同じように認識できる小文字のアルファベットや数字を使い、特殊な記号や漢字を使った名前は使わないようにします。

　USB接続の外付けハードディスクなどのストレージデバイスは、Windows対応製品であればMac OS Xでも認識できます。一方、Mac OS X対応製品は、そのままではWindowsで認識できないことがあるため、注意が必要です。

　WindowsでIPアドレスをDHCPにより自動で割り当てるように設定しているのに、Mac OS Xでは手動で割り当てるように設定しているとIPアドレスの競合が起こるので、Mac OS XでもDHCPを使うように設定しましょう。

　WindowsとMac OS Xをネットワーク上で混在させる場合は、運用ルールを事前に検討し、ガイドラインに明記することで、無駄な障害復旧の工数を低減させることができます。

> **Point**
> - Mac OS XはBoot Campや仮想化ソフトウェアを使ってWindowsを動作できる
> - Mac OS Xではファイル共有の同時クライアント数は標準で10ユーザまで
> - Mac OS Xには特有の隠しファイルがあることに注意

Section 29 グループウェアで効率よく情報を共有する

グループウェアで利用できる機能

グループウェアは非常に便利な情報共有の仕組みで、手軽な無償版から大規模企業のニーズやカスタマイズにも対応する有償版まで、多くの製品があります。導入の前に業務で必要な機能を検討しましょう。

グループウェアとは

　グループウェアは、「企業内ネットワークにおける情報共有」を目的としたソフトウェアです。Web版のグループウェアが主流で、無償のものも含め多くの製品があります。また、近年は電子メールソフトが高機能化し、グループウェアの機能を統合したものもあります。

グループウェアの主要機能

　グループウェアは豊富な機能を備えていますが、導入にあたっては業務でどのような機能が必要かを考えてみましょう。すべての機能を導入しても、ユーザが使いこなせなければかえって教育やサポートに工数がかかる場合があります。

▶社内ポータルサイトのトップページ

　今日の話題、仕事の予定、連絡事項、スローガンなど、出社後最初に目にする重要な情報を掲載します。各社員が、コンテンツを簡単に編集できることが重要です。

▶スケジュール、設備、会議室の予約

　各社員のスケジュール、会議室や共用備品などの利用を管理する機能です。時間単位で管理し、備品や会議室などをカテゴリ化すると便利です。

KEYWORD ISO 9000

ISO（国際標準化機構）によって定められた品質マネジメントシステムの規格群の総称。製品やサービスの品質が信用できるかを効率的に確認できる。

図1 社内ポータルのトップページ

情報共有を共有するための社内ポータルのトップページは、誰でも書き込むことができる使いやすさが重要なポイントになる

●社内専用電子メール

外部へは送信されない、グループウェア上だけのメールシステムです。セキュリティが確保されるため、個人情報を扱う業務にお勧めの機能です。

●外部向け電子メール

グループウェアから外部のインターネットメールを送受信する機能です。

●文書/ファイル管理

社内文書を登録し、文書に属性を定義することで、それをキーワードとして検索ができます。登録後の検索やカテゴリの整理の容易さ、使いやすさをしっかりと検証しましょう。今後を見据えると文書管理は非常に重要な機能で、ISO 9000[※]などの品質管理規格では必要不可欠な機能です。

●ワークフロー[※]

申請書、稟議書など社内決裁文書の承認プロセスを管理します。

●アドレス帳

顧客情報などの管理にも応用できますが、個人情報として慎重に扱う必要があります。どこまでの範囲の情報を書き込むかルール化しましょう。

●ユーザ名簿

社員名簿などに、写真やプロファイルなどを書き込むことができます。

KEYWORD ワークフロー

ビジネス上の手続きや業務などをルール化したもの。ワークフローシステムを使うことで、承認や決済などの手続きが必要な書類データの電子化が可能になり、業務の効率化につながる。

- ■タイムカード

  出勤簿の管理ができ、集計や経理システムとの連動も容易です。

- ■日報／報告書

  営業先から直接帰宅する際など、インターネットVPNで接続してグループウェア上の営業日報フォームに直接書き込めるので非常に便利です。

図2　日報／報告書機能

ワークフローとの連携、外出先からの書き込みなど、現場の声を反映した使い方が重要となる

- ■プロジェクト管理

  プロジェクトをカテゴリ化し、進捗状況を管理できます。

- ■システム管理

  データベース、Webサーバ、文書など、データのバックアップなどの操作の容易さも重要な選択基準になります。

- ■モバイル対応

  携帯電話やスマートフォン用のWebページとPC向けのWebページを使い分けられると、外出先と社内のどちらでも快適に情報を共有できます。

- ■ToDoリスト

  個人の業務で実行すべきことを書き込み、全員で共有します。

KEYWORD SaaS（Software as a Service）

ユーザが必要な機能を選択して利用できるソフトウェアサービスのこと。サービスプロバイダからネットワーク経由でソフトウェアを利用できる。

図3　ToDoリスト機能

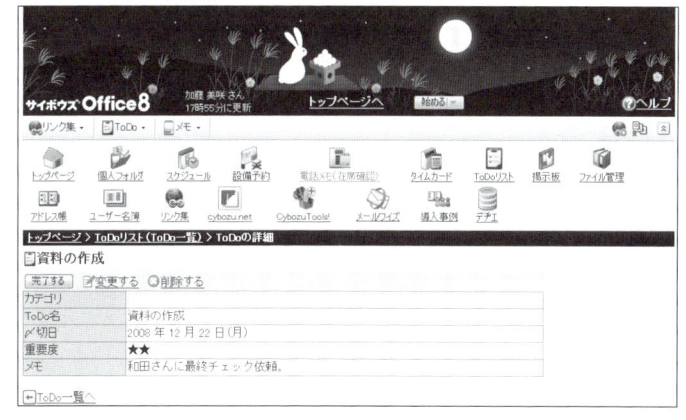

スケジュールとToDoリストの連携も重要になってくる

►掲示板

社員の意見交換や議論に用います。

►電話メモ

紙のメモの代わりに利用します。

SaaS型とイントラネット型

　グループウェアにはSaaS※型（Sec. 31を参照）とイントラネット型があります。SaaS型は手軽に導入できますが、ユーザあたりの使用料がかかります。イントラネット型はサーバの導入とその運用管理コストが必要ですが、セキュリティ面での安全性は高く、文書管理など大量データを扱う際に向いています。グループウェアはその機能と業務でどこまで必要かを明確にして導入しましょう。

Point

- グループウェアの導入を検討する前に業務で使う機能を絞り込む
- 使いこなせるか、使いやすいかが選定のポイントになる
- 企業の将来を見据えれば文書管理も重要な機能

Section 30 スプーラの活用でプリンタを便利に使う
プリンタの共有

ネットワーク上で共有するリソースとしてプリンタがあります。ここではローカルプリンタの共有やスプーラの設定など、プリンタを便利に使う方法を学びましょう。

ローカルプリンタの共有

Windows 7搭載のPCに接続したローカルプリンタを共有プリンタとして設定する方法を説明します。

① ［スタート］メニューの［デバイスとプリンター］を選択し、［プリンターの追加］をクリックする
② ［プリンターの追加］で［ローカルプリンターを追加します］を選択する
③ ［プリンターポートの選択］で［既存のポートを使用］をオンにして［次へ］ボタンをクリックする
④ ［プリンタードライバーのインストール］で、一覧から製造元とプリンタを選択するか、［ディスク使用］をクリックしてプリンタに付属のCDなどからドライバを選択し、［次へ］ボタンをクリックする
⑤ ［現在インストールされているドライバーを使う（推奨）］を選択して［次へ］ボタンをクリックする
⑥ ［プリンター名］を入力して［次へ］ボタンをクリックし、［プリンター共有］で［共有名］や［コメント］などを入力して［次へ］ボタンをクリックし、完了する（図1を参照）

ローカルプリンタを共有する場合、プリンタを接続しているPCへのアクセス権（ユーザ名とパスワード）を持つネットワーク上のユーザのみが印刷を実行できます。PCがスリープ状態やシャットダウン状態のときには利用

KEYWORD パラレルポート
コンピュータ本体と周辺機器を接続するインターフェースの一種。主にプリンタ接続用に使われてきたが、近年ではUSBやLANによる接続が主流となり、利用する機会が減少している。

148

できないので、共有プリンタを接続しているPCやサーバは電源管理を計画的に考えましょう。

図1　プリンタの共有名の設定

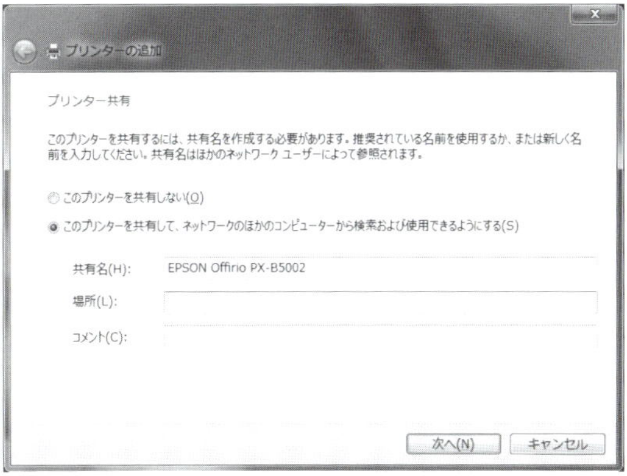

共有名にはわかりやすい名前を、コメントには製品名や所属部署名などを入力しておくと便利

■ネットワークプリンタの設定

　ネットワーク対応プリンタは、メーカーが提供するインストールソフトウェアによる設定を推奨します。メーカーによって、IPアドレスをDHCPにより取得するか、固定に設定するかを選択できます。DHCPを利用すると、何らかの原因でプリンタのネットワーク名をネットワーク上で検索できなかったり、IPアドレスが重複したりする問題が発生し、一時的にネットワークプリンタに接続できない状態になることがあります。DHCPに対応しているかどうかを事前に確認しておきましょう。遠く離れたオフィスを結ぶネットワークや大規模ネットワークでルータを越えて利用可能なネットワークプリンタも普及しています。

プリンタサーバの活用

　プリンタサーバには、主に次の3つの選択肢があります。
・Windowsサーバを使う
・LinuxのSambaサーバを使う
・専用機器（一般にはLinuxのSambaが組み込まれている機器）を使う

KEYWORD　FIFO（First-In, First-Out）
先入れ先出し方式ともいう。最初に入ってきたデータから順次処理をしていく方式。

専用機器には、USB、パラレルポート※、有線LAN／無線LAN機能などを備え、古いプリンタを接続したり、ハードディスクなどを接続してネットワークハードディスクとして活用したりできる製品もあります。

■スプーラ機能とは

スプーラとは、複数の処理を一時的にためておき、順次処理していく仕組みのことです。プリンタのスプーラは、各PCから送られてきた印刷要求を一時的に保存し、プリンタに印刷処理を順次送っていきます。

スプーラが一時的に印刷データをためる場所、つまり「スプール先」として、「Windowsで指定する場所」「プリンタドライバで設定する場所」「プリンタサーバの内部」「ネットワークプリンタの内部」のいずれかを選択できます。たとえば、ローカルプリンタを共有している場合、次の方法でスプール先のフォルダを設定します。

① [スタート] メニューの [デバイスとプリンター] を選択し、プリンタを選択する

図2　スプール先のフォルダの設定

プリンタサーバやネットワークプリンタにスプール先を設定する方法もある

KEYWORD　複合機
プリンタ機能に加え、FAX、スキャナ、コピー、メモリカードリーダ／ライタなどの機能も備えた機器。

②上部の[プリントサーバープロパティ]をクリックする
③[詳細設定]タブでスプール先のフォルダを設定する(図2を参照)

　ネットワークプリンタは、複数のユーザから同時に印刷要求が送られると、プリンタ内のキューに印刷要求を保管し、FIFO※方式で印刷します。印刷中に他のユーザから印刷要求が送られても問題なく印刷できます。

　また、紙詰まりやインク切れなど消耗品関連の問題が発生しても、その問題が解消されるまでスプーラ上ではデータを保存しています。問題が発生した際にプリンタの電源を落とさずに修復できるかどうかをマニュアルで確認しましょう。

双方向通信のサポート

　PCに接続されたローカルプリンタは、プリンタドライバによりインクの残量やプリンタの状態をリアルタイムに把握できます。一方、プリンタサーバでは、プリンタの双方向通信機能に対応していないために、印刷は可能でもプリンタの状態を把握できない場合があります。

　双方向通信とは、印刷データや制御コマンドの送信とは別に、状態の「問い合わせ」に対して「返答」する通信のことです。PCからプリンタ、プリンタからPCへと双方から通信を行います。プリンタとドライバ(またはプリンタサーバ)は、双方向通信に対応しているものを選択しましょう。

　ただし、双方向通信対応のプリンタが必ずしもWindows上で双方向通信を行えるとは限りません。特にUSBで接続するプリンタでは不具合が出ることがあり、プリンタと同一メーカーのプリンタサーバを使うと回避できる場合があります。プリンタだけでなく「複合機※」も、双方向通信に対応している製品を選びましょう。

Point
- 共有プリンタにはわかりやすい共有名や場所を設定する
- ネットワーク対応プリンタは、ドライバのDHCP対応機能に注意する
- 双方向通信対応のプリンタやプリンタサーバを使おう

Section 31 オンラインストレージを活用する
クラウドサービスの活用

データの共有方法として、オンラインストレージというクラウドサービスが注目されています。ここではクラウドとは何か、オンラインストレージとはどのようなものかについて説明します。

クラウドとは

　最近、クラウド（Cloud：雲）という言葉が盛んに使われています。「クラウドコンピューティング」をひと言で説明すれば、「インターネットを中心としたネットワークを基盤とするコンピュータの利用形態」、あるいは「ユーザがネットワーク経由でサービスとしてコンピュータ処理を利用できる環境」です。つまり、オフィス内にはないコンピュータリソースをネットワーク経由で利用できる、さまざまな応用がクラウドコンピューティングです。

　グーグル社のコンピュータシステムには、現在、全世界で推定50万台以上のWebサーバが接続され、そのほとんどが仮想化技術で運用されています。膨大なシステムを運用できるのも、仮想化により多くのWebサーバを一元的に管理できるからです。グーグルの1社だけでもこの規模です。マイクロソフトやアマゾンなどの大手IT系を含む無数の企業が、莫大な数のサーバを世界中で運用していることは想像に難くありません。

　仮想化技術とその応用は、コンピュータリソースの活用方法に柔軟性と効率性を持たせることに成功し、ユーザの使用頻度に合わせて動的に複数のサーバを統合、増設、分離するなど、フレキシブルな運用を実現しました。安価なPCを使い、世界中のネットワークユーザにコンピュータリソースの利用機会を用意する手段がクラウドコンピューティングです。

KEYWORD Google Apps / Google App Engine

グーグルが提供するGmail、カレンダー、ドキュメントなどのアプリケーション群。PaaSサービス「Google App Engine」を利用すれば、Google Appsを独自ドメインで運用できる。

図1　クラウドのタイプ

```
    ハイブリッドタイプ
  社内
イントラネット
  や個人

  社内、個人
           パブリック対応

         クラウドコンピューティング


     社外の環境、クラウドのベンダー側
```

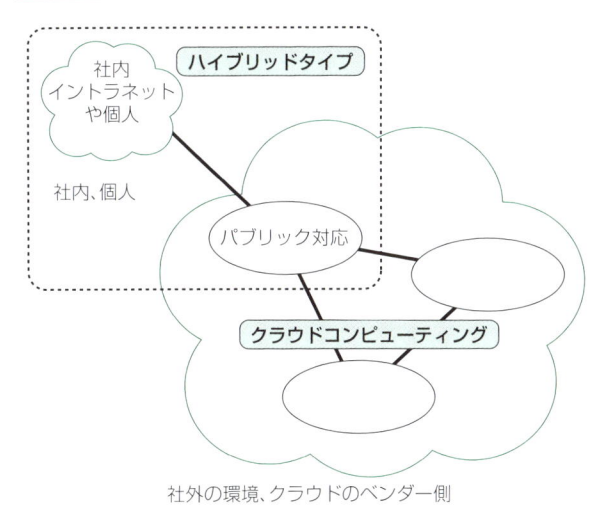

社内向けと社外向けがあるが、今後は企業向けに両者の複合型（ハイブリッドタイプ）が増えると見込まれる

クラウドサービスの形態

クラウドコンピューティングのサービス形態は、次の3種類に分類できます。

■ SaaS（Software as a Service）

グーグルのGoogle Apps※やマイクロソフトのオンラインサービス、電子メールやグループウェアなどのアプリケーションをインターネット環境で提供するサービスです。

■ PaaS（Platform as a Service）

インターネット経由でアプリケーション実行用の仮想化サーバやデータベースを提供するサービスです。グーグルのGoogle App Engine※、マイクロソフトのWindows Azure※などが代表的です。

■ HaaS（Hardware as Service）、IaaS（Infrastructure as a Service）

インターネット経由で仮想化されたサーバや共有ディスクを利用し、OSも含め、システムの導入から構築まで利用できるサービスです。アマゾンのEC2/S3※サービスが有名です。

KEYWORD　Windows Azure

マイクロソフトが提供するPaaSサービス「Windows Azure Platform」の中核となるクラウド用OS。プラットフォームの開発環境、サービスホスティング環境、管理環境として機能する。

オンラインストレージの活用

オンラインストレージは、サーバのディスクスペースをユーザへ貸し出すサービスで、クラウドサービスのHaaSやIaaSとして提供されます。無償と有償のサービスがありますが、業務で使う場合は、ディスク容量、セキュリティ、サポート面などから、法人向けの有償サービスを使うのが一般的です。無償サービスでも、保存するデータ容量が増えてくると有償の追加ストレージを購入する必要があるものが多いので、よく検討しましょう。

▶無償のオンラインストレージ

マイクロソフトは、Windows Live SkyDriveという無償のオンラインストレージを提供しています。25GBという大容量が特長で、あらゆる種類のファイルをアップロードできます。ファイルの保護機能が豊富で、段階的なアクセス制御なども可能です。

グーグルは、Google Docs（Googleドキュメント）でオンラインストレージを提供しています。無償サービスの容量は1GBで、それ以上は有償の追加ストレージを購入することになります。アップロードしたファイルは、ファイル種別の制限がなく、検索や共有の対象にもなります。

図2　SkyDriveの画面

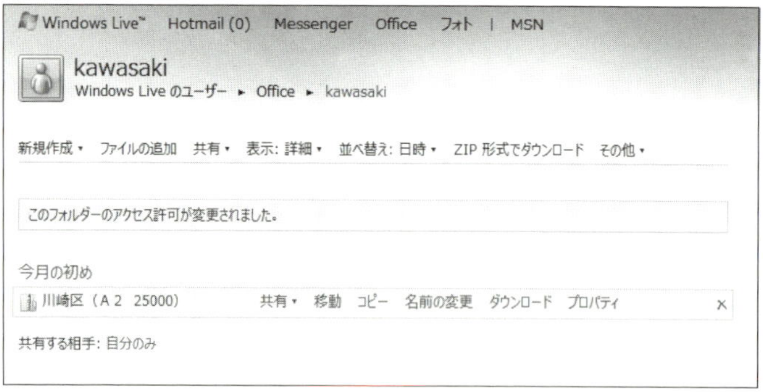

ドラッグ＆ドロップでファイルをアップロードしたり、必要な人にだけファイルを表示させたりすることもできる

▶有償のオンラインストレージ

日本国内にストレージ環境がある企業向けの有償サービスは、高速かつ高品質であり、セキュリティや技術サポートも充実しています。1TBから無

KEYWORD　EC2（Elastic Compute CLOUD）/S3（Simple Storage Service）
アマゾンが提供するAmazon Web Servicesに含まれるクラウドサービス。「EC2」は仮想サーバのレンタルサービスで、「S3」はストレージのレンタルサービス。

制限という大容量のサービスや、企業側のアプリケーションから直接利用できるように組み込み可能で、企業のサーバと連携してインターネット経由でデータを交換できるサービスなどがあります。

また、さまざまな接続形態に応じたサービスがあり、VPN接続での閉域（プライベートネットワーク）接続による専用線のような使い方や、外部の他社クラウドサービスとのデータ交換など、複雑な企業ニーズにも対応可能です。

■オンラインストレージの問題点

クラウドサービスは良い点ばかりではなく、次のような問題点もあります。利用する際には、これらのリスクを考慮して運用するようにしましょう。

・自前でハードウェアを保有していないため、**利用方法はブラックボックス**であり、カスタマイズなども困難である
・クラウド側のネットワーク障害やサービス終了などで突然利用できなくなる危険がある
・個人情報や経営情報などが悪意のある攻撃の対象となりやすい
・海外のクラウドサービスの場合、政治的な要因によりその存在が脅かされるなど、さまざまな規制によるリスクがある

Point
- オンラインストレージとクラウドの関係を理解しよう
- 機能豊富な有償サービスを利用する際には導入目的を明確にする
- オンラインストレージに潜むリスクにも注意が必要

Section 32 インターネットを業務で有効に活用する
インターネット接続の共有

オフィスではインターネット接続を複数のユーザで共有します。インターネット接続の確認方法をはじめ、プロキシの導入、パーソナルコミュニケーションツールの利用について説明します。

■ インターネットへの接続の確認

● ブロードバンドルータのプロパティの確認

通常はブロードバンドルータのDHCP機能によりIPアドレスが割り当てられ、インターネットに接続できます。Windows 7では次の手順でブロードバンドルータ経由で利用できるサービスの確認や追加を行えます。

① ［スタート］メニューから［コントロールパネル］→［ネットワークとインターネット］→［ネットワーク共有センター］の順に進み、［基本ネットワーク情報の表示と接続のセットアップ］で［フルマップの表示］をクリックする

② ブロードバンドルータを右クリックして［プロパティ］を選択する

③ ［全般］タブの［設定］ボタンをクリックすると、インターネット経由で利用できるサービスの一覧が表示される（図1を参照）

● DHCPを使わずにIPアドレスを設定

DHCPを使わない場合は、次のようにIPアドレスを設定します。

① ［スタート］メニューから［コントロールパネル］→［ネットワークとインターネット］→［ネットワーク共有センター］の順に進み、［アダプターの設定の変更］をクリックしてLANアダプタ※を選択する

② 上部の［この接続の設定を変更する］を選択し、一覧から［インターネットプロトコルバージョン4（TCP/IPv4）］を選択して［プロパティ］ボタ

KEYWORD LANアダプタ
コンピュータや周辺機器をネットワークに接続する機器（ネットワークインターフェース）は、LANアダプタと呼ばれることも多い。無線LANアダプタは、USB接続タイプが主流。

ンをクリックする

③ [全般] タブで [次のIPアドレスを使う] を選択し、IPアドレス、サブネットマスク、デフォルトゲートウェイ（ブロードバンドルータのIPアドレス）、優先DNSサーバを入力し、[OK] ボタンをクリックする（図2を参照）

図1　ブロードバンドルータのプロパティ（サービスの設定）

PCがブロードバンドルータ経由でインターネットにアクセスする際、サービスごとにTCP/IPのポート番号などを設定できる

図2　固定のIPアドレスの設定

他のPCがDHCPを使っている場合、DHCPが発行するIPアドレスと競合しないように注意して設定する

KEYWORD プロキシ

本来の英語（proxy）の意味は「代理人」。転じてネットワークでは、各人が利用するPCなどの代理となってインターネットに接続するハードウェアやソフトウェアを「プロキシサーバ」と呼ぶ。

プロパティの設定を終了した後、［この接続の状況を表示する］を選択すると、接続状態を確認できます。［詳細］ボタンにより現在のIPアドレスなどのさまざまな情報が表示されます。

プロキシサーバの導入

業務の効率やセキュリティなどの理由からインターネットの利用制限を行う場合には、インターネットに「プロキシ※サーバ」経由で接続します。

プロキシサーバは、PCとインターネットを仲介します。主な役割は次の2つです。

- **パフォーマンスの向上**：頻繁にアクセスするWebサイト上の情報をキャッシュ（格納）し、次にアクセスするときにはそのWebサイトではなくキャッシュから情報を取得してアクセス速度を上げる
- **セキュリティの強化**：フィルタリング機能により業務に必要なコンテンツのみにアクセスを制限し、不要なコンテンツや有害なWebサイトへのアクセスを遮断する

図3　プロキシサーバの概念

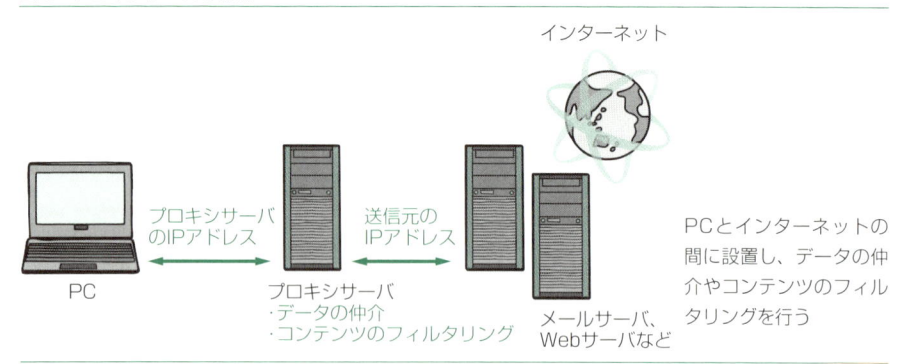

```
PC ──プロキシサーバのIPアドレス── プロキシサーバ ──送信元のIPアドレス── メールサーバ、Webサーバなど ── インターネット
                                   ・データの仲介
                                   ・コンテンツのフィルタリング
```

PCとインターネットの間に設置し、データの仲介やコンテンツのフィルタリングを行う

社内ポータルサイトの構築

プロキシサーバなどでコンテンツのフィルタリングを行う場合、業務に役立つWebサイトだけを社内で使えるようにする「社内ポータルサイト」を

KEYWORD mixi、Facebook、LinkedIn

mixiは日本国内、Facebookは全世界でそれぞれ最大級の会員数を擁する代表的なSNS。LinkedInは、ビジネス向け（転職など）に特化した代表的SNS。

プロキシサーバと連携して構築すると便利です。地図、交通案内、ニュース、翻訳など有用なサービスだけをイントラネット上のWebサイトとして社内で公開し、業務連絡機能などを組み合わせた社内ポータルサイトに、VPN接続により社外からアクセスできるようにすれば、情報共有が活性化します。

パーソナルコミュニケーションツールの活用

SNSやTwitterなど、新しい形態のインターネットサービスは、利用による効果を検討し、利用上のルールを定めたうえで活用します。

● SNS（Social Networking Service）

SNSは、人のつながりを仲介するコミュニティタイプの会員制Webサイトで、日本ではmixi※、海外ではFacebook※、LinkedIn※などが有名です。SNSを導入する場合、社内で実際にSNSを利用して仕事に役立った内容をアンケートなどで集めたうえで、業務に役立つかどうかを判断し、使う部署を限定する、SNSのサイトを絞るなどの利用制限も検討して、効率的に活用しましょう。

● Twitter（ツイッター）

Twitterは、140字以内で「つぶやき」を投稿するシステムです。最近は文章だけでなく写真やビデオなどのさまざまコンテンツとの連携が可能になり、一般的なSNSと同様に利用できるようになってきました。SNSの1つとして導入を検討しましょう。

● Skype（スカイプ）

Skypeは、テレビ電話も可能な無償のインターネット電話システムです。海外の取引先との電話連絡などではたいへん重宝しますが、それ以外のチャット機能などを使う場合は、本当に業務に役立つかどうかを検討しましょう。個人情報を取り扱う業務や会社の規模などの事情でSkypeを禁止している企業も少なくありません。

Point

- 手動でIPアドレスを設定する場合、IPアドレスの競合に注意する
- プロキシサーバでセキュリティとパフォーマンスを強化する
- 業務に必要なパーソナルコミュニケーションツールを検討する

Section 33 Webサイトで企業のイメージアップを図る

Webサイトの有効活用

Webサイトは今や、企業活動になくてはならない存在ですが、作ったまま放置されていたり更新頻度が低くかったりするサイトもよく目にします。紙の会社案内と異なり、更新されなければ顧客のレスポンスも悪化することを理解しましょう。

企業Webサイトを活用するためのポイント

▶ Webサイトの更新の重要性

多くの企業が、事業活動でさまざまなマーケティングを行っています。中でもWebサイトは、宣伝、営業、販売、保守、リクルートなど、企業の多くの事業領域と関わりを持ち、顧客とのコミュニケーションの基盤ともなります。コミュニケーションツールとしてとらえると、Webサイトの公開後、再訪してくれた顧客に「また同じ内容か……」と思われないように、できるだけ頻繁に更新し、情報の新鮮さを保つことが非常に重要です。

閲覧者を増やすための手法の1つは、インターネットでの検索で上位に表示されるようにすることです。検索エンジン側がランキングを評価する際のルールには、更新日も含まれます。Webサイトの作成に全力を注ぎ、公開後は「これで見てもらえるだろう」とさっぱり更新しないのでは、閲覧者は増えません。「それでは更新しよう」と思っても、制作業者に依頼するとコストがかかります。「自分でやってみよう」とサイト構築ソフトウェアを導入したものの難しくて扱えず、結局更新しないか、せいぜい文章程度の更新にとどまっている企業Webサイトがたくさんあります。

▶ ブログの活用

そこで、社員が個人でも使っていて比較的更新が容易な「ブログ」により、企業Webサイトを作ろうというアイデアが登場しました。ブログは本来、「個

KEYWORD トラックバック
他者のブログにリンクを貼った際、リンクしたことを相手に自動通知する機能。ブログの宣伝手法として使われることもある。

人の意見や論文などを公開し、他のニュースやブログのサイトとのURLのリンク（トラックバック※、RSS※など）によりコミュニケーションの輪を広げる」ことを目的としたコミュニティツールの1つです。「顧客とのコミュニケーション」を考えれば、ブログの趣旨は企業Webサイトと通じるところがあります。しかし、ブログは手軽に扱える一方で、デザインや機能の制限が多く、見栄えを整えるためにはWebサイトの構築と同様のスキルが求められることもあります。

● CMSの普及

最近では、Webサイトの構築や更新を比較的容易に行えるシステムとして、「CMS」（Contents Management System）が注目されています。CMSは「コンテンツ管理システム」とも呼ばれ、Webサイトのコンテンツのテキスト、画像、動画、デザインレイアウト情報などを一元的に管理し、Webサイトを構築、公開、編集できるシステムです。

CMSを導入すれば、ブログ感覚で文章や画像をWebサイトに表示でき、テンプレートなどを使ったデザインの変更も容易です。シンプルな入門用から、大規模な企業Webサイトや複雑なショッピングサイトの構築まで行える高機能版まで、有償／無償の製品が数多く存在します。業務上のニーズ、管理者や社員のスキルに合ったCMSを導入すれば、インターネットでWebサイトを公開するほか、イントラネットを構築して社内の情報共有システムとして活用することもできます。

CMSの操作や管理方法を覚えると、Webサイト構築ソフトでの作業は面倒になります。CMSではメニューやページが動的に連動するため、メニューの文字を1ヵ所修正するだけで、使われているすべてのページに即時反映されるので、作業工数を大幅に削減できて便利です。

Drupalの紹介

Drupal（ドゥルーパル）は、オープンソースソフトウェアのCMSで、米国ホワイトハウスのWebサイトで採用されていることで有名です（図1を参照）。

KEYWORD RSS（RDF Site Summery）
ニュースサイトやブログなどの更新情報を自動的に取得する仕組み。利用にはRSSリーダ（またはフィードリーダ）と呼ばれるソフトウェアが必要。RSS 1.0とRSS 2.0では互換性がない。

図1　ホワイトハウスのWebサイト

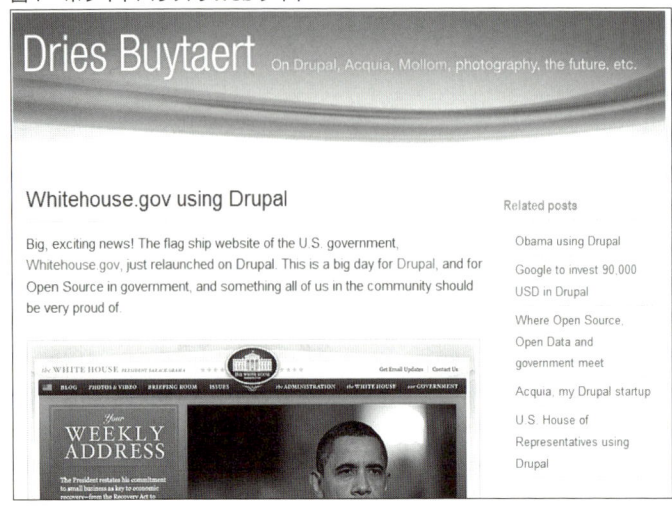

Drupalはホワイトハウスで2009年から採用され、現在、関連サイトが増えている

　CMSサーバとしてWindows、Linux、Mac OS Xなどのプラットフォームにデータベースとファイルおよびサーバを導入し、Drupalをインストールします（図2を参照）。設定はブラウザ上で行い、インストールの操作も非常に簡単です。インストール時にはメッセージが英語で表示されますが、インストール後は日本語を含む世界中の言語に対応しています。

図2　Drupalのインストール

Web版なのでインストール操作も容易。データベース名、サーバ名、ユーザ名などを設定するだけで基本機能を利用できる

KEYWORD　Googleマップ
Googleが無償で提供している全世界規模のオンライン地図。地図データのほか衛星写真も提供されており、一部地域では地上から周囲を撮影したストリートビュー機能にも対応している。

162

図3　Drupalの管理セクションの画面

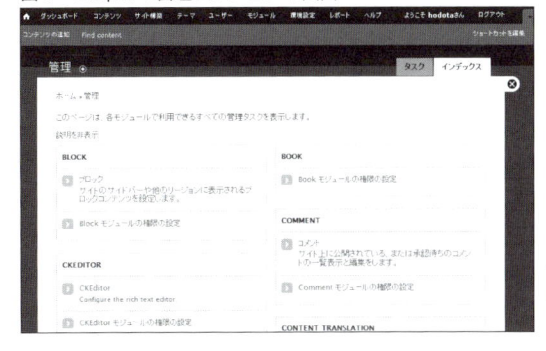

機能が非常に豊富で複雑であるため、初心者モードでは機能を必要最小限に限定した運用が推奨される

▶ Drupalの主な機能

- **管理機能**：サイトの機能や設定をGUIで管理できる（図3を参照）
- **サイト検索**：サイト内の文章やコンテンツ、ページの情報などを、複合的なキーワードを使って検索できる
- **ユーザ管理**：ページ、コンテンツ、操作、モジュール機能などの権限を複数のユーザグループで柔軟に制御でき、会員サイトを簡単に構築できる
- **Googleマップ対応**：Googleマップ※の情報を、コンテンツとしてページに掲載できる
- **フィード管理**：他のWebサイトからRSS、RDF※、Atom※のフィードを収集する
- **ブログ**：ブログページを簡単に作成できる。トラックバックやRSSフィードなど、一般的なブログ機能が組み込まれている
- **ブック**：本のように章、節に分かれた階層で文章や画像などを掲載するページを簡単に作成する機能。ページを参照しながら次のページを簡単に追加、編集できる
- **コンタクト**：問い合わせフォームなどを、複数作成できる
- **多言語対応ページ**：日本語、英語、中国語、フランス語などの複数の言語で、同じページをサイト内に構築できる

KEYWORD　RDF（Resource Description Framework）
Web上のリソースについての情報を記述するための枠組み。RSSもRDFを利用している。

図4　ページの作成

文書エディタでは、画像のアップロード、貼り付け、URLリンク設定、テキスト装飾なども可能

- **タクソノミー**：Taxonomyは「分類学」という意味。コンテンツをカテゴリ別に分類し、重要度を反映したタグを作成できる
- **ページと文章作成**：ページ単位で文章、画像、コメント、URLなどを簡単に設定できる。特に、ブログや電子メールなどのようにワープロ感覚で使える文書エディタによって、誰でも容易に作成できる（図4を参照）
- **アップロード**：文章やファイルをアップロードできる
- **カレンダー**：スケジュールやイベントなどの日程を管理し、カレンダーを表示できる
- **イメージギャラリー**：写真などの画像ギャラリーを簡単に作成できる
- **PDF、印刷用ページ、電子メールで連絡**：ページをPDF形式や印刷用のテキストに変換する
- **Google Analytics**：グーグルのサイト分析機能であるGoogle Analyticsと簡単に連携できる
- **フォーラム**：スレッド形式のフォーラムを作成できる
- **投票**：サイトの訪問者が簡単に投票可能な、5つ星の投票ウィジェットを表示する
- **サイトのコメント**：掲示版のようにページの記事にコメントを作成でき、

KEYWORD Atom

サイトの更新情報やタイトルなどのメタデータを記述するXMLベースのフォーマット。先行したRSSに互換性の問題があったため、新たな共通フォーマットとして策定された。

作成後に通知メールを送信する
・スパム対策：コメントや問い合わせフォームに対するスパムメールを防ぐ

このようにDrupalには数多くの機能がありますが、さらに開発元のコミュニティサイト（http://drupal.org）から追加モジュールをダウンロードして、無償で使えます。よく使われている主なカテゴリに、ショッピングサイト、コミュニティサイト、データベースとの連携、動画・画像サイト管理、ワークフロー、電子メールマーケティング、イベント管理、文書ファイル管理、モバイル対応、プロジェクト管理、会員管理などがあります。これらの機能を組み合わせれば「グループウェア」も実現できます。

CMSの導入を成功させる鍵

CMSの導入が決まれば、構築後、管理者が社員に使い方を教育することになります。その際、管理者が使うGUIは非常に多機能で複雑なので、一般ユーザ向けの機能はページ作成、編集、加工、削除、文書のアップロードなどに制限し、簡単な使い方だけの操作マニュアルを作成して慣れてもらいましょう。

社員に十分な説明を行い、ブログ感覚でページを作れる段階まで教育しておかないと、「更新できない、面倒だ……」ということで結局、管理者がコンテンツを作成する羽目になりかねません。まず、操作が簡単であることを理解してもらう説明が不可欠です。簡単な操作から覚えてもらうようにトレーニングも工夫しましょう。

Point
- Webサイトは開設よりも更新が重要
- 企業向けWebサイトの活性化にはCMSの導入が早道
- 管理者はCMSの操作とともにユーザ教育のスキルが求められる

Column

クラウドサービスを安全に利用するには
クラウドサービス利用のためのガイドライン

　企業によるクラウドの利用が普及し始めています。しかし、行政や公益法人などによる第三者認証や検査（例：ISO 9000、JIS製品認証）がクラウドサービスに適用されるのか、安全性を保証してくれるのかなどはまだ明確になっていません。

　クラウドサービスを社会的なインフラとして安全に利用し、個人情報を扱ったり業務システムを運用したりできるようにするには、まずクラウドサービスを提供する事業者が法令を遵守し、情報漏洩などが起こらないようにセキュリティを確保することが不可欠です。さらに、クラウドサービスを利用する側でも、セキュリティに関するリスクや契約上の注意事項などをよく理解する必要があります。

　経済産業省は、2011年4月に「クラウドサービス利用のための情報セキュリティマネジメントガイドライン」を策定しました。このガイドラインは、クラウド事業者とクラウド利用者がこれに沿って情報セキュリティの管理または監査を行うことで、両者の信頼関係を強化することを目的としています。

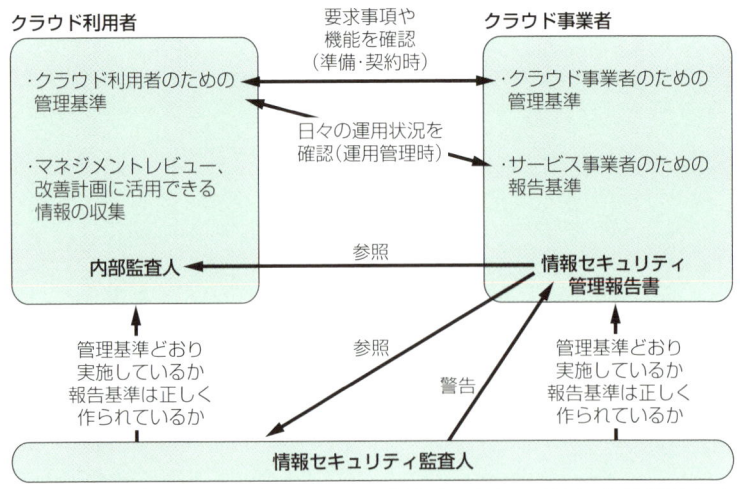

出典：経済産業省「クラウドサービス利用のための情報セキュリティマネジメントガイドライン」

経済産業省のガイドラインに沿ってセキュリティを管理・監査することで、クラウドサービスの提供側と利用側の信頼関係が強化される

第5章

ウイルスや情報漏えいをガードするセキュリティ対策

34	企業活動を脅かすネットワークへの攻撃
35	情報セキュリティポリシーをPDCAサイクルで運用する
36	アカウントの管理とインターネットの利用制限
37	セキュリティと業務効率の向上に役立つツール

Section 34

企業活動を脅かす
ネットワークへの攻撃

ネットワークにおける脅威と対策

インターネットでは、さまざまな脅威が日々発生しており、将来も完全になくなることはないでしょう。脅威と「もしものとき」の対策を正しく認識し、セキュリティを確保するために最低限必要なことを理解しましょう。

主なネットワークの脅威

セキュリティ対策を行うために、まずネットワークの脅威にはどのようなものがあるかを理解しましょう。

Webサイトの改ざん

データベースを扱うWebサイトでは、SQL※コマンドを使ってWebサーバ上で動作しているデータベース内の情報を取得、改ざんする「SQLインジェクション攻撃」が脅威となっています。また、データベースとは関係なく、悪意のあるWebサイトをブラウザで閲覧しただけで感染する「ガンブラー」（Gumblar）ウイルスによるWebサイトの改ざんも広がっています。

図1　ガンブラーによるウイルス拡散の流れ

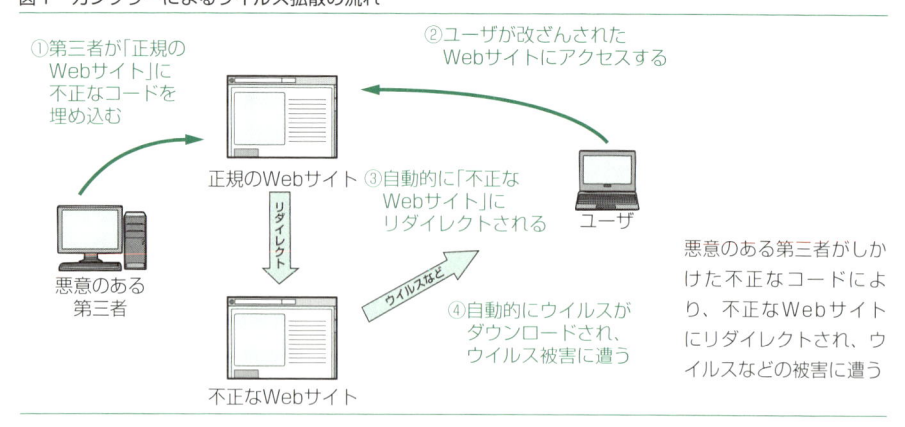

①第三者が「正規のWebサイト」に不正なコードを埋め込む
②ユーザが改ざんされたWebサイトにアクセスする
③自動的に「不正なWebサイト」にリダイレクトされる
④自動的にウイルスがダウンロードされ、ウイルス被害に遭う

悪意のある第三者がしかけた不正なコードにより、不正なWebサイトにリダイレクトされ、ウイルスなどの被害に遭う

KEYWORD SQL

関係データベースでデータを定義したり操作したりするために用いるコマンド。SQLインジェクション攻撃では、データベースを利用するアプリケーションの脆弱性を突いて不正なSQLコマンドを実行する。

168

■巧妙化するウイルス

「PCがウイルスに感染しました」など、ユーザをだますような手口で接触し、金銭や情報を取得する犯罪が増えています。また、悪意のあるプログラムをPCに感染させ、そのPCを使って迷惑メールを大量に送信させて他のサイトを攻撃する「ボット[※]」と呼ばれるウイルス被害も増えています。

■止まらないDDoS（Distributed Denial of Service）攻撃

DDoS攻撃は、大量のデータを攻撃対象のWebサイトへ送信し、サーバやネットワーク回線をオーバーフローさせ、機能を停止させる攻撃です。企業と交渉して金銭を要求したり、社会的な信用の低下などの損害を与えたりする目的のほか、官公庁や国家を対象としたサイバーテロでもよくこの手口が使われます。ルータの脆弱性を突いて攻撃してくる場合もあるため、ファームウェアを常にアップデートし、DDoS攻撃対策を徹底しましょう。

図2　DDoS攻撃の概念

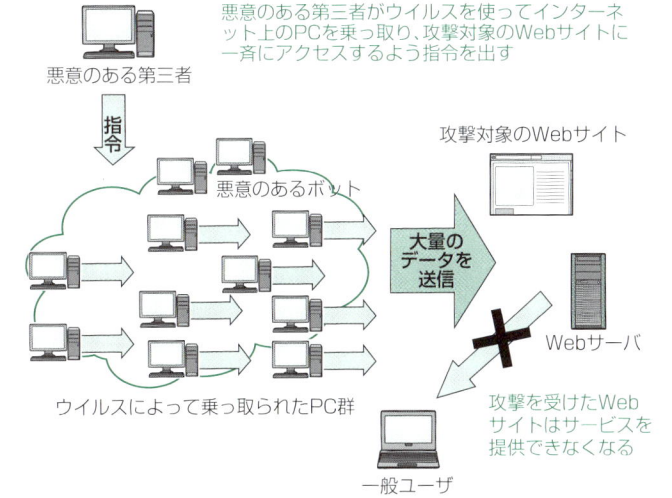

悪意のある第三者がウイルスを使ってインターネット上のPCを乗っ取り、攻撃対象のWebサイトに一斉にアクセスするよう指令を出す

悪意のある第三者
指令
悪意のあるボット
ウイルスによって乗っ取られたPC群
大量のデータを送信
攻撃対象のWebサイト
Webサーバ
攻撃を受けたWebサイトはサービスを提供できなくなる
一般ユーザ
攻撃側が企業側に譲歩を迫る手段としても使えるため、注意が必要な攻撃と言える

■改ざんされたメール

特定の個人や企業に対する攻撃によって、経営情報などを不正に入手しようとする犯罪があります。代表的な手口は、送信元を友人や取引先などのメー

KEYWORD　ボット（bot）

インターネット上で自動実行されるソフトウェア。検索エンジンなどで使われるが、現在では第三者のPCに潜伏して他のPCを攻撃するような、悪意のあるプログラムを指すことが多い。

ルアドレスに偽装してウイルスメールを送信し、不正に情報を入手するものです。知人からのメールでも不審があれば直接連絡して確認しましょう。

■悪意のある迷惑メール

世界中で大量の迷惑メールが送信されています。メールの内容を見ただけでは感染しませんが、記載されているURLをクリックすると悪意のあるWebサイトへ誘導されたり、詐欺メールを送られたりします。返信すると他人になりすました巧妙な詐欺メールが届くこともあります。怪しいメールは読まずに削除する、管理者や消費者相談センターへ連絡するなどの対処が必要です。

■アカウント情報の悪用

ユーザIDやパスワードを不正に取得されると、悪用されて不正取引の犯罪に巻き込まれます。悪用される要因としては、安易なパスワード設定、同一パスワードの流用、パスワードを紙に書いて保存、退社した人のIDやパスワードの管理が不十分などがあります。パスワード管理を徹底しましょう。

■アップデートが不十分なサーバへの攻撃

一番攻撃対象になりやすいのは、Webサーバです。特に、PHPやPerlなどのスクリプト言語は、利用するサイト数が非常に多いことから攻撃の対象になりやすい傾向があります。メールサーバが迷惑メールのリレー転送用ボットに利用されたり、DNSサーバのIPアドレスとドメイン名の情報を不正に取得するためにDNSキャッシュサーバ[※]が悪用されることもあります。OS、データベース、Webサーバ、開発言語などはセキュリティパッチ情報を常時確認してアップデートを実行しましょう。

■クライアントのアップデート忘れによる情報漏えいやウイルス感染

PC上のOSやアプリケーションも、最新版へのアップデートを怠ると情報漏えいやウイルス感染の被害に遭う可能性が高くなります。OSやアプリケーションのアップデートは、TCP、IP、SSL、SMTPなどインターネットプロトコル群の脆弱性への対策のためにも頻繁に行われます。Windows 7では重要な更新プログラムを自動的にインストールするように設定し、よく

KEYWORD DNSキャッシュサーバ

DNSサーバに対し、IPアドレスやドメイン名の問い合わせがあった結果を一時的に保存するサーバのこと。再問い合わせの際にDNSキャッシュサーバの内容を回答することで、問い合わせ処理を高速化する。

使うアプリケーションも同様の設定を行いましょう。

図3　Windows Updateの設定

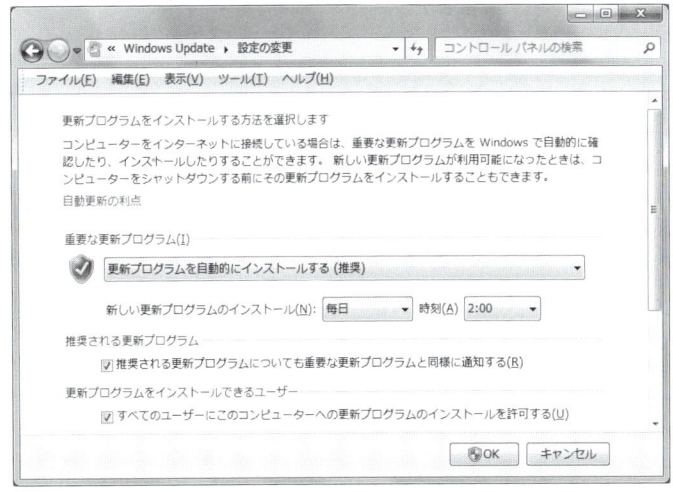

［コントロールパネル］の［システムとセキュリティ］で［Windows Update］の［自動更新の有効化と無効化］で、更新プログラムを自動的にインストールするように設定すると、シャットダウン前に更新プログラムがインストールされる

情報セキュリティを確保するためには

　ウイルスやセキュリティ攻撃については、ユーザの「うっかりミス」を利用して感染を拡大させる手法が増えています。情報漏えいも、ユーザの過失に起因する事例が少なくありません。

　情報セキュリティを確保するためには、最低限次のような対策が必要です。
・情報セキュリティポリシーを作成する
・アカウントとパスワードの管理およびインターネットの利用制限を行う
・インターネットやネットワーク上のリソースへのアクセスを監視する

　これらの対策を実施するために、情報セキュリティ対策の教育や運用ルールを明確化し、情報漏えいが起きてしまった際の対処方法などを「危機管理マニュアル」を作成し、周知徹底しましょう。

Point
- DDoS攻撃には十分な対策が求められる
- OSやアプリケーションのアップデートは自動化が基本
- 危機管理マニュアルを作成してユーザを教育する

Section 35 情報セキュリティポリシーをPDCAサイクルで運用する
情報セキュリティポリシーの策定

ネットワークを攻撃から守るためには、情報セキュリティポリシーを策定し、それに沿って対策を実施していく必要があります。情報セキュリティポリシーの概要とセキュリティ対策の例について説明します。

情報セキュリティポリシーとは

情報セキュリティポリシーは、企業の情報セキュリティ対策を取りまとめて文書化したものです。情報セキュリティ対策は「基本方針」「対策基準」「実施手順」から構成され、一般に「基本方針」と「対策基準」を情報セキュリティポリシーと呼びます。一度策定して完成というものではなく、「PDCAサイクル※」を通じて随時改定していきます。

図1 情報セキュリティポリシーの概念

情報セキュリティポリシー

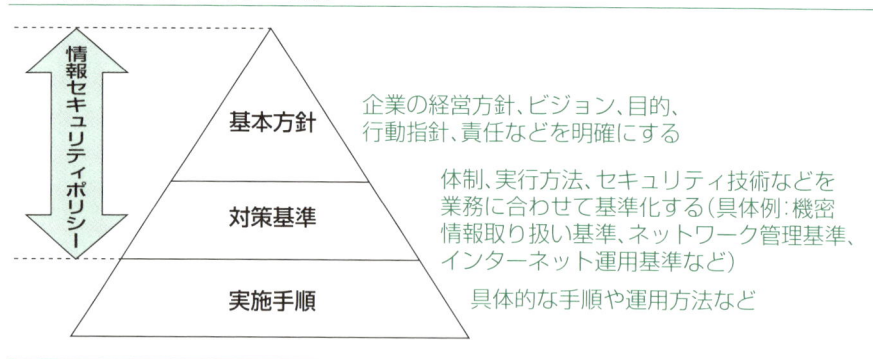

- 基本方針：企業の経営方針、ビジョン、目的、行動指針、責任などを明確にする
- 対策基準：体制、実行方法、セキュリティ技術などを業務に合わせて基準化する（具体例：機密情報取り扱い基準、ネットワーク管理基準、インターネット運用基準など）
- 実施手順：具体的な手順や運用方法など

情報セキュリティポリシーは次の手順で策定し、文書化して周知します。

①組織と体制の確立
②基本方針の策定
③情報資産の洗い出しとセキュリティリスクの分析

KEYWORD PDCAサイクル
P（Plan：計画）、D（Do：実行）、C（Check：確認）、A（Act：改善）の各フェーズを継続的に繰り返し、システムを改善しながら運用する手法のこと。

④対策基準の策定
⑤社内教育の徹底
⑥実施手順の作成

具体的なセキュリティ対策の実施手順の例

　続いて、小規模ネットワークで最低限必要と思われる、具体的なセキュリティ対策の実施手順の例を示します。

▶ユーザ認証
・誰でも扱えるよう難易度を勘案してユーザ認証システムを構築する
・ユーザ認証機能を持たない機器およびソフトウェアを使用しない
・パスワードは、8文字以上の英大文字、英小文字、記号、数字を含むものにして、1ヵ月に一度を目安に更新する
・一度使用したパスワードは再度使用しない
・初期設定パスワードは管理者が直接本人に連絡する
・ワンタイムパスワードを使用する場合、PIN番号※などの認証が必要なものを使用し、時刻同期など高いセキュリティを確保できる認証機器を使う
・生体認証を使用する場合、認証データ（指紋や顔写真など）そのものが個人情報であるので、厳重に管理する

▶アカウント管理
・ネットワーク管理者は、申請されたアカウントにアクセス権限を設定する
・昇進や異動などでユーザの権限に変更があった場合、セキュリティ上の理由から速やかにアクセス権限の変更も申請する
・異動や退職などで不要となったアカウントは、速やかに削除する

▶電子メール
・電子メールの送受信には、社内で規定したメールソフトを使用する
・パスワードは最低でも3ヵ月に1回程度変更する
・ネットワークへの流出リスクを避けるため、パスワードを保存しない
・機密情報やプライバシに関する情報は原則として送受信せず、やむを得な

KEYWORD PIN（Personal Identification Number）番号
個人を識別するための番号。銀行のキャッシュカードやクレジットカードなどでよく利用される。ユーザIDとあわせて個人の識別と認証に用いる。

い場合には暗号化や電子署名などの対策を施す
・迷惑メールを受信したら転送しない
・電子メールの利用状況やメールサーバのログを管理者が監視していることを事前に通達し、不正利用の抑止を図る

▶PCのセキュリティ対策
・個人所有のPCの利用は認めない
・社内で規定したソフトウェア以外の導入を禁止し、常に最新の状態を保つ
・離席する際にPCロック※を行うように徹底する
・PCで取り扱う機密情報に関して、暗号化などの対策を施す
・社外でノートPCを利用する際、情報の盗み見に注意する

▶ウイルス対策
・社内で規定したウイルス対策ソフトを導入し、定義ファイルを更新する
・ウイルス感染が疑われる場合、PCをネットワークから外してウイルス対策窓口へ報告し、対処方法に従ってウイルスを駆除して、終了後報告する

▶ネットワークの構築
・インターネット接続環境では、不正アクセスを監視および防止するハードウェア／ソフトウェアを導入する
・主要な機器は、ログ管理とネットワーク監視を常時実行する
・アクセス制御が可能な機器は、特定の機器からの接続のみを許可する

▶社内ネットワーク基準
・メールやインターネットは、業務以外の目的では使用しない
・社内ネットワーク上でのサーバの構築は、管理者の許可を必要とする
・他人のIDを用いて社内ネットワークやインターネットにアクセスしない
・出所不明なファイルは絶対にダウンロードや実行を行わない
・社内で規定したもの以外の電子メールサービスを利用しない
・社内ネットワークに接続したPCを、管理者の許可なく電話回線、携帯電話、無線LAN、VPNなどで利用しない

KEYWORD PCロック

134ページを参考に、ユーザーアカウントにパスワードを設定しておけば、[スタート] メニューの [シャットダウン] ボタンの [▼] をクリックし、[ロック] を選択すると、パスワードロックをかけられる。

■職場環境
- 使わない書類や媒体はキャビネットなどに収納し、机上などに放置しない
- 不正操作や盗み見の防止のため、離席時のログオフまたは画面やキーボードのロックといった保護機能の使用を徹底する
- ホワイトボードの使用後は必ずクリーナーなどで書いた内容を消去する
- コピー機、FAX、プリンタなどで使用した書類を放置しない
- 電話、立ち話、会議などでの発言について盗み聞きの防止に配慮する

■電子媒体の取り扱い
- PCなどの故障時は、情報が読み出し可能な状態かを確認し、機密性の高い情報が保存されているハードディスクなどは取り外して修理を依頼する
- 機密性の高い情報を電子媒体に保存するときは、暗号化を行うか、鍵のかかる場所に保管し、鍵は別の場所に保管する
- 機密性の高い情報を保存した電子媒体を、許可なく社外へ持ち出さない
- 関連会社、営業所などへ媒体を送る場合は、社内便などセキュリティが確保された方法を利用し、配送業者は利用しない
- 機密性の高い情報が保存された電子媒体を再利用するときは、事前に保存されていた情報を再生できない方法で消去する
- 機密性の高い情報が保存された電子媒体は、再生不可能な状態まで破壊して廃棄する。廃棄処分を外部へ委託する場合は、「秘密保持および処分依頼品の再利用の禁止」に相当する条項を委託契約文書に含める

■その他の項目

その他にも、インターネットサーバ、ソフトウェア／ハードウェアの購入、Webサービス、サーバルーム、VPNの利用、リモートアクセス、LANとPCの設置、ネットワーク構築、セキュリティ教育、罰則、プライバシなどについてもセキュリティ対策を講じる必要があります。

> **Point**
> - セキュリティ対策の基本方針と対策基準を情報セキュリティポリシーという
> - 情報セキュリティポリシーはPDCAサイクルにより、継続的に改定しながら運用する
> - 現実的に遵守できるような対策基準および実施手順を策定する

Section 36 アカウントの管理とインターネットの利用制限

ユーザによるアクセスを適切に管理

社内ネットワークを管理するためには、共有のフォルダやプリンタの利用に対してユーザのアクセス制限を行うほか、インターネット経由の電子メールやWebサイトの閲覧に対する制限も必要になります。

ユーザアカウントとパスワードの管理

　Windows 7では［スタート］メニューから［コントロールパネル］→［ユーザーアカウントと家族のための安全設定］→［ユーザーアカウント］の順に進み、ユーザアカウントとパスワードの設定や管理を行います（Sec. 27を参照）。ユーザアカウントの種類は「Administrator[※]」と「標準ユーザー」の2種類です。アプリケーションのインストールやWindowsの設定（アップデートを含む）にはAdministrator権限が必要です。

■パスワードリセットディスクの作成

　「ログインパスワードがわからなくなってしまった」という問題がよく発生します。Windows 7ではパスワード機能が強化されており、Administrator権限でログインしない限りパスワードを変更できません。こういう事態を回避するために次の手順でパスワードリセットディスクを作成します。

① ［スタート］メニューから［コントロールパネル］→［ユーザーアカウントと家族のための安全設定］→［ユーザーアカウント］の順に進む
② ［パスワードリセットディスク作成］をクリックして［パスワードディスク作成ウィザード］を起動し、USBメモリなどにパスワードリセットディスクを作成する

　Windows 7のログイン時に1～2回、間違ったパスワードを入力すると、ログイン画面の下部に［パスワードのリセット］のリンクが表示され、クリッ

KEYWORD Administrator
Windowsの管理者権限または権限を持つユーザのこと。省略形の「admin」が使われることも多い。ネットワークでは、一般に、システム設定の変更はAdministratorユーザだけが行えるようにする。

クすると［パスワードのリセットウィザード］が起動します。ウィザードの指示に従って、パスワードリセットディスクを保存したUSBメモリを読み込み、Administrator権限で新しいパスワードを作成します。その後、新規にパスワードリセットディスクを作成します。

図1　パスワードリセットディスクの作成画面

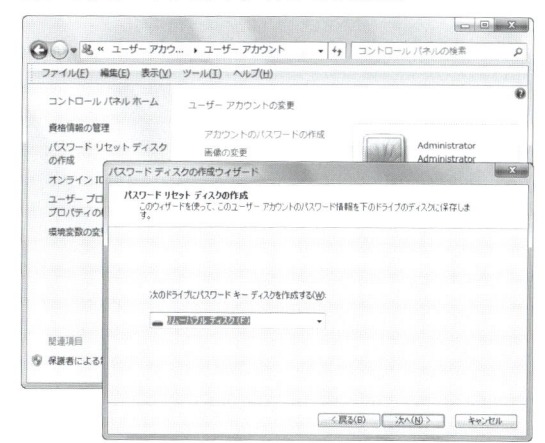

USBメモリに保存する場合は、紛失したり他人に使われたりしないように管理する必要がある

高度なパスワード管理

　パスワードは、大文字と小文字のアルファベット、数字、記号を組み合わせた8文字以上の文字列にします。生年月日や住所などから連想できる数字や文字列を使わないようにします。業務では、PC以外にも多くの情報機器や情報サービスを利用する際にパスワードが必要になるので、ランダムなパスワードを発行できるパスワード生成システムを導入すると便利です。より高いセキュリティレベルを実現できる「ワンタイムパスワード」を利用しましょう。

　ワンタイムパスワードの生成方式の1つに認証サーバと時刻で同期する方式があります。ワンタイムパスワード生成システム（トークン）は時刻に基づいてパスワードを生成し、ユーザは自分のIDとそのパスワードでログインします。認証サーバでも時刻に基づいてパスワードを生成しており、ユー

KEYWORD　HTTPS（HTML over SSL）
Webコンテンツの送受信で一般的に使われるHTTPに、SSL暗号化プロトコルを実装して通信のセキュリティを高めたプロトコル。

ザのIDとその時刻に生成されたパスワードを照会して正規のユーザかどうかを判定します。時刻が異なれば、生成されるパスワードも異なり、認証されません。たとえば、Webサイトで情報漏えいが発生し、ユーザアカウントとパスワードが盗まれても、盗まれたパスワードでは再度ログインできないため、安全です。

図2　ワンタイムパスワードの概要

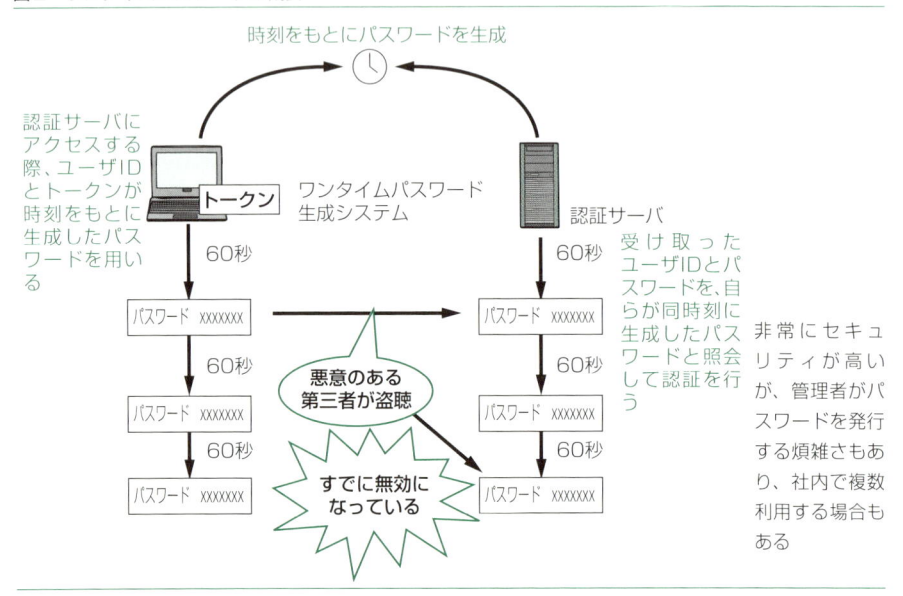

[図：ワンタイムパスワードの仕組み。時刻をもとにパスワードを生成。認証サーバにアクセスする際、ユーザIDとトークンが時刻をもとに生成したパスワードを用いる。トークンと認証サーバがそれぞれ60秒ごとにパスワードを生成。悪意のある第三者が盗聴してもすでに無効になっている。受け取ったユーザIDとパスワードを、自らが同時刻に生成したパスワードと照会して認証を行う。非常にセキュリティが高いが、管理者がパスワードを発行する煩雑さもあり、社内で複数利用する場合もある]

■生体（バイオメトリクス）認証

指紋、静脈、虹彩（こうさい）、顔などにより認証を行う方式です。手軽さから指紋による認証が普及しています。スマートカード（ICカード）でアカウントを管理する方法などもあります。

インターネットの利用制御

業務におけるインターネット利用を制限する場合、Webサイトのアクセス制限、SNS、アプリケーションのダウンロードなどの利用制限を実施します。業務で必要なものは認めながら制限するフィルタリングは、フィルタ

KEYWORD　ホワイトリスト方式／ブラックリスト方式
ホワイトリスト方式は事前に登録したサイトのみ閲覧を可能にするフィルタリング方式。ブラックリスト方式はその逆で、登録したサイト以外は自由に閲覧できるフィルタリング方式。

リングソフトウェアやブロードバンドルータの配下でハードウェアを使って実行できます。ここでは、パフォーマンスや使いやすさからハードウェアを使う方法を紹介します。

▶アプリケーションの利用制限

インターネット上で利用できるアプリケーションをフィルタリングするには、TCP/IPポートを制限する方法が一般的です。フィルタリング機能を持つハードウェアでデータの入出力を詳細に制御できます。たとえば、電子メールの受信（POP3）はTCP/IPのポート110、送信（SMTP）はTCP/IPのポート25または587を使います。ポート25と587の使用を止めると社内からメールを送信できなくなります。

▶Webサイトの閲覧制限

HTTPやHTTPS[※]が使うポートを制限するとWebサイトを閲覧できなくなるため、許可または禁止するWebサイトのURLのリストを作成してフィルタリングを行うホワイトリスト方式[※]やブラックリスト方式[※]がよく使われます。インターネット上には膨大な数のWebサイトがあるため、フィルタリング用データベースの提供サービスを利用し、パフォーマンスの高いハードウェアと連携させ「見てもよいWebサイト」を増やしていく方法がよいでしょう。

このようなフィルタリングサービスにおける「見てもよい」「見てはいけない」という判断は、社会通念などの基準に沿っている場合が多いのですが、たとえば、NHKニュースのWebサイトを業務中に長時間閲覧することは好ましくありません。この場合はフィルタリングのスケジュール設定機能を使って、「昼休みの時間帯のみNHKニュースのWebサイトの閲覧を許可する」といった設定を行います。

> **Point**
> - Windowsのログイン用のパスワードは必ずパスワードリセットディスクを作成する
> - 高い安全性を求めるならワンタイムパスワードが有効
> - インターネットへの利用制限を行うことが重要

Section 37 セキュリティと業務効率の向上に役立つツール
アクセスログの管理

インターネットやネットワーク上の共有リソースのアクセスログ（履歴）を分析すると、ネットワークのパフォーマンスやセキュリティの向上に役立ちます。ログ解析ソフトウェアも数多くあります。

■ インターネットへのアクセスの監視

　各PCからブロードバンドルータ経由でインターネットへ接続しているネットワーク構成では、インターネット接続のアクセスログを常時監視するために、ブロードバンドルータとPCの間にログ管理専用装置を設置するのが一般的です。ログ管理専用装置では、次のようなログを取得できます。

・電子メールのログ（メールID、送信先や発信元のメールアドレスなど）
・ネットワークトラフィックの監視ログ
・ファイアウォールのログ（パケットのIPアドレス、インターネットサービスの種類など）
・外部からのアクセスの認証に関するログ（VPN接続、無線LANなど）
・Webサイトへのアクセスのログ（接続先、閲覧ページ、時間など）

　また、セキュリティを重視したログ監視ツールもあります。パケットのデータを調べて、登録された攻撃パターンかどうかを判定する「IDS※」がその代表的な例です。

　ログ解析ソフトウェアも、無償版から有償版までさまざまな製品があります。ログ解析ソフトウェアを導入すれば、各ネットワーク機器から定期的にログを収集し、PCのハードディスクに保存して管理できます。また、ログ解析ソフトウェアが異常を検出した際に、管理者に自動的に異常通知メールが送られるように設定すれば、解析作業の回数が減り、緊急対応も可能です。

KEYWORD IDS（Intrusion Detection System）
不正アクセス監視システムまたは侵入検知システムと呼ばれるハードウェアまたはソフトウェア。ネットワークを流れるパケットを監視して、正常な通信を確保するために利用される。

図1　ログ解析ソフトウェアの概念

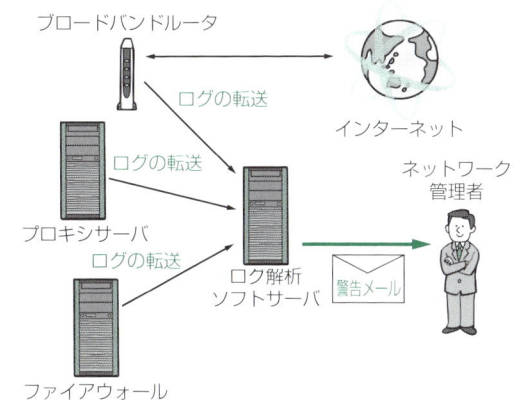

ログ解析ソフトウェアはブロードバンドルータや各種サーバからログを収集して保存する

共有フォルダへのアクセスのログ

　Windows 7 Professional以上では、次の手順で共有フォルダのアクセスログを記録できます。

①共有フォルダを選び、右クリックして［プロパティ］を選択する
②［セキュリティ］タブで［詳細設定］ボタンをクリックする
③［セキュリティの詳細設定］の［監査］タブで［続行］ボタンをクリックする
④［追加］ボタンをクリックし、［ユーザーまたはグループの選択］で［詳細設定］ボタンをクリックする
⑤［ユーザーまたはグループの選択］で［検索］ボタンをクリックし、［検索結果］からユーザを選択して［OK］ボタンをクリックする
⑥［OK］ボタンをクリックし、［監査エントリ※］で監査の適用対象とする動作の種類について［成功］と［失敗］のチェックボックスをオンにして［OK］ボタンをクリックする
⑦［適用］ボタンをクリックした後［OK］ボタンをクリックしてプロパティを閉じる

KEYWORD　監査エントリ
記録の対象とする動作の種類を選択します。［成功］をオンにすると動作が成功した場合にログに記録され、［失敗］をオンにすると動作が失敗した場合にログに記録されます。

⑧ ［スタート］メニューから［コントロールパネル］→［システムとセキュリティ］→［管理ツール］の順に進み、［ローカルセキュリティポリシー］をダブルクリックする

⑨ ［ローカルポリシー］を展開して［監査ポリシー］を選択し、［オブジェクトアクセスの監査※］をダブルクリックする

⑩ ［ローカルセキュリティの設定］タブで［成功］と［失敗］のチェックボックスをオンにし［OK］ボタンをクリックする

共有したフォルダへのアクセスのログは次のように取得します。

① ［スタート］メニューから［コントロールパネル］→［システムとセキュリティ］→［管理ツール］の順に進み、［イベントビューアー］をクリックする

② ［イベントビューアー］で［Windowsログ］を選択し、［セキュリティ］をクリックすると、ログが表示される

図2　共有フォルダのアクセスログ

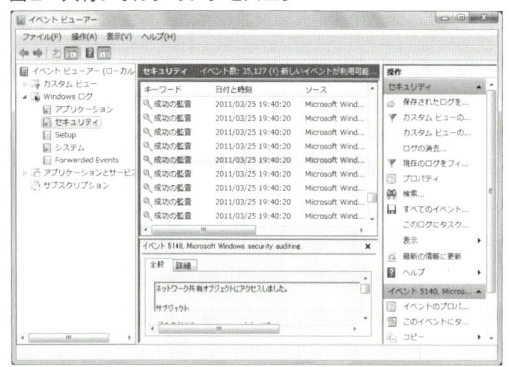

専門用語が多いため一般ユーザには難しく、複数の共有フォルダのログを設定すると手間がかかる

プリンタのログ

Windows 7は機能が豊富で、細かく設定すれば共有フォルダと同様に共有プリンタのログを取得することも可能です。プリンタの印刷記録は、個人情報を管理するうえでも重要なデータであり、プライバシマークの認定を受ける際にも有利に働く場合が多いでしょう。

KEYWORD　オブジェクトアクセスの監査
OS上でActive Directory以外のユーザーからのアクセスを監査するかどうかを設定します。監査エントリと同様に、［成功］と［失敗］をオンにすることで、で記録するアクセスを選択できます。

そこで、プリンタメーカーなどが販売する「プリンタ管理ソフトウェア」の導入を推奨します。プリンタ管理ソフトウェアを導入すれば、誰が、いつ、何を、何枚印刷したか詳細なログを取得できるほか、カラーや白黒印刷などの統計により印刷コストの削減を図ることもできます。印刷枚数や印刷時間帯を制限する機能により、貴重な情報の流失を防ぐ効果もあります。

▌▌PC操作のログ

　社内で使用しているPCの操作ログを管理するソフトウェアもあります。1台あたり1万円前後で、小規模ネットワークでも導入しやすい低価格製品でも、Windowsへのログインとログオフ、ファイル操作、アプリケーションの起動、ファイルのアップロードやダウンロード、電子メールの添付ファイル、USBメモリや光媒体への書き込み、印刷した記録など、日常的な業務におけるPC操作のほとんどを記録できます。アプリケーションの使用制限、USBメモリなどの電子媒体へのアクセス制限などを設定でき、設定に違反した操作に対する警告や、電子メールでの管理者への通知などの機能を備える製品もあります。

　Active DirectoryでもPCの操作を管理できますが、PC操作ログの管理ソフトウェアは設定や管理が容易なので、特に個人情報を取り扱う業務では導入を推奨します。それ以外の業務でも、社員や非正規従業員に、PCをより効率的に使ってもらうための評価ツールとして役立ちます。

　このようなログの記録は、社員にセキュリティ意識が浸透していないと、監視されているような思いが高まってしまい、仕事へのモチベーションを下げてしまう懸念もあります。導入にあたっては、現場の意見をよく聞き、セキュリティ意識を高める教育、対応、運用管理の手法を用いることが求められます。全社的な観点で導入を検討し、推進することが重要です。

Point
- ログ解析ソフトウェアでは異常時の管理者への警告メールを設定する
- プリンタのログ管理はコスト削減と個人情報管理のうえで重要
- PC操作のログ管理は、導入の意義を現場にしっかり説明する

Column

セキュリティサービスの活用
多様なサービスを利用してセキュリティを確保

　ネットワークを運用するうえでセキュリティ対策は不可欠です。有効な対策を講じる手段として、情報セキュリティサービスを活用する方法があります。
　情報セキュリティサービスには、次のようなものがあります。
・不正アクセスの監視、不正侵入の検知と対処
・PCやモバイル機器の情報漏えい対策
・データセンターによるデータの保護
・サーバやネットワーク機器の管理（ホスティング、ハウジング）
・セキュリティや脆弱性の診断
・プライバシーマークやISMSなどの認証の取得支援
　このような情報セキュリティサービスには、次のメリットがあります。
①最新のセキュリティ技術による支援を受けられる
②第三者の視点により、徹底した管理・監査を受けられる
③社員のセキュリティ意識の向上に貢献する

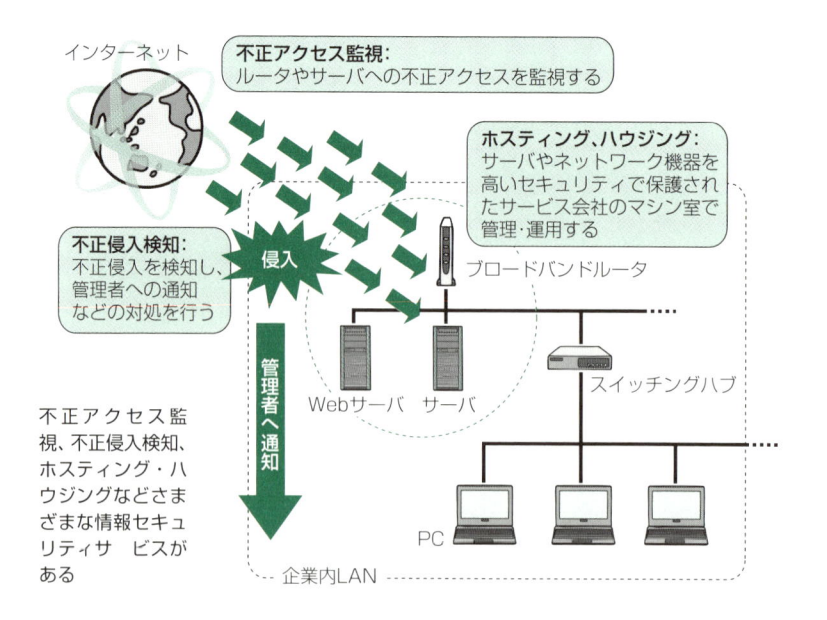

不正アクセス監視、不正侵入検知、ホスティング・ハウジングなどさまざまな情報セキュリティサービスがある

不正アクセス監視：
ルータやサーバへの不正アクセスを監視する

不正侵入検知：
不正侵入を検知し、管理者への通知などの対処を行う

ホスティング、ハウジング：
サーバやネットワーク機器を高いセキュリティで保護されたサービス会社のマシン室で管理・運用する

インターネット
侵入
管理者へ通知
ブロードバンドルータ
Webサーバ　サーバ
スイッチングハブ
PC
企業内LAN

第6章

ネットワークの管理とメンテナンスのポイント

- 38 快適なネットワーク環境を維持するために
- 39 重要なデータを保護する
- 40 ネットワークを高速化する
- 41 停電などでネットワークを中断させないようにする

Section 38 快適なネットワーク環境を維持するために
ネットワークのメンテナンス

ネットワークを快適に利用するためには、運用管理としてメンテナンス、データのバックアップ、ネットワークの高速化などを行う必要があります。ここでは、ハードウェアおよびソフトウェアのメンテナンスについて説明します。

ネットワークの運用管理とは

ネットワークを常に快適な状態で利用するためには、ネットワークの運用管理において次のような作業が必要になります。
・ハードウェアとソフトウェアのメンテナンス
・データのバックアップ
・ネットワークの高速化
・ハードウェアの停電対策とソフトウェアの管理

また、これらの管理作業を効率化するためにさまざまなツールを活用することも大切です。

ハードウェアのメンテナンス

▶ネットワーク機器

ブロードバンドルータやL3スイッチ、無線LAN装置や有線LAN装置などのネットワーク機器は、主にセキュリティ対策からファームウェアが随時更新され、パッチ情報※がメーカーのWebサイトにアップロードされます。メーカーや代理店から提供される最新情報をチェックし、バージョンアップに活かしましょう。自動バージョンアップ機能がある場合にはこれを利用します。

KEYWORD パッチ情報
パッチ（patch）の本来の意味は「つぎ当て」。転じてソフトウェアやファームウェアの小規模なバグ修正や機能追加を行うデータを指す。起動時にパッチを自動取得するソフトウェアもある。

■ LANケーブル

　衝撃を与えたり踏みつけたりした覚えがないのに故障（断線）したり、コネクタ部が破損または脱落したりすることがあります。「ネットワークにつながらない」障害の場合、まず、LANケーブルの断線を疑うべきです。正常に通信できているケーブルと交換して確認しましょう。理想的には、5年程度を目処に交換を考えます。

■ PC

　PCは構成部品の多くに故障の可能性がありますが、中でもハードディスクドライブ（HDD）は、可動部が多いだけに故障と無縁ではいられません。大切なデータが保存されるHDDは、二重化、バックアップなどの対策と別に、故障時に短時間で修理、復旧できる体制を整えておきましょう。

■ プリンタ

　一般に、ビジネス用レーザプリンタは、インクジェットプリンタと比べると大量印刷向けで、故障率も低くなっています。ただ、紙詰まりや回転・駆動系のトラブルによっては内部機器をそっくり交換する必要があり、スポット修理はかなり高額になることもあります。購入時に5年程度の保守契約に加入し、5年を目処に新規購入することをお勧めします。

ソフトウェアのメンテナンス

■ OS

　WindowsなどのOSは、常にアップグレードやアップデート（バージョンアップ）などのメンテナンスを実施し、最新版にしておく必要があります。

　また、Windows 7のボリュームライセンスには、ソフトウェアアシュアランス（SA）というライセンスが用意されており、次のような特典があります。

・Windows 7 Professional から Windows 7 Ultimate へのアップグレード
・Windows 7上で仮想環境を最大4ライセンスまで実行可能
・Windows 7の次バージョンへのアップグレード権

　Windowsの自動更新（Windows Update[※]）は、不具合の修正を含めて随

KEYWORD　Windows Update

Windowsの重要な更新プログラムを自動的に適用してくれるサービス。自動更新をオンにすると、セキュリティや信頼性に関する重要なプログラムが自動的にインストールされる。

時オンラインで提供されています。更新内容がある程度のボリュームになると、「サービスパック」という名称の新バージョンになります。サービスパックは容量が大きいため、仮に50台のPCに個別にダウンロードして更新を行うと、管理者やネットワークに対する負荷も大きくなります。サービスパックを共有サーバに置いておき、各PCからはインターネットでなくサーバにアクセスしてバージョンアップするようにしましょう。

▶周辺機器のソフトウェア

主にドライバが対象となり、通常はメーカーのWebサイトから最新版を無償でダウンロードできます。一般に、Windowsに標準で付属するドライバより、メーカーが提供するドライバのほうが新しく、高性能です。

▶アプリケーション

アプリケーションのアップデートについてはユーザ自身が行えるように、ユーザ教育を徹底しましょう。PDFやWebブラウザなど、よく使うアプリケーションでも、製品ごとにアップデートの画面や手順が異なります。操作に慣れていないと、誤った操作によってトラブルが拡大し、かえって管理者の負担の増加につながる可能性が高まります。社内で共通で使用しているアプリケーションを含め、バージョンアップや自動更新の手順などを文書化しておきましょう。

ネットワーク運用管理のアウトソーシング

小規模企業や非IT企業では、ネットワーク運用管理におけるメンテナンスなどの業務が担当者にとって大きな負担になりがちです。そのような場合、次のようなサービスを利用して運用管理作業を外部の業者に委託することもできます。

・ワンストップサービス※
・専任担当者による訪問サービス

メーカーに依存しないオープンな業者に委託するのが理想です。料金体系は、定額の場合とスポット契約の場合があります。小規模ネットワークであ

KEYWORD ワンストップサービス

1つの窓口で、関連するすべての事業のサービスが受けられる仕組み。複数の企業や団体が関連するビジネスで、顧客の利便性を向上させるとともに、提供側には顧客を囲い込むメリットがある。

ればスポット契約のほうが安上がりのようです。また、個人情報を取り扱うオフィスでは、委託事業者との機密保持契約が必須です。

PCが50台以上の規模では、ネットワーク管理者がオフィス内にいる前提で、通信機器、PC、周辺機器、Windowsとアプリケーション、インターネット関連、セキュリティ管理などのカテゴリ別に委託先を決めておくのが好ましいでしょう。この規模になると専門性が求められ、1つの委託先ですべてサポートするのは困難です。

ネットワーク管理者への負担

小規模ネットワークでも、管理者の業務範囲はハードウェア、ソフトウェア、インターネット接続、回線性能、運用、セキュリティなど多岐にわたります。状況によっては他の業務との兼務が難しいほどの仕事量とストレスになり、特に非ITの一般企業では、管理者の頻繁な交代があったり、最悪の場合には退職に至ってしまうことさえあります。

管理者のストレスがたまる一因は、社員の理解不足にあります。ネットワークの障害は、原因究明と対策に手間がかかる割に、一般社員には「動いて当たり前」と評価されがちです。

経済活動のグローバル化が進み、変化のスピードが早い現代は、ITの使い方次第で企業の付加価値を倍増できる時代でもあります。小規模オフィスでは、経営者がネットワーク管理者を兼任するケースも目立ちますが、「情報」と「ネットワーク」をうまく使いこなすことは企業の生き残りの「カギ」です。快適で生産性の高いネットワークを維持するために、ネットワーク管理者を置き、メンテナンスを軽視しない企業風土を作ることも大切です。

Point
- 各機器のファームウェアのバージョンアップを忘れずに
- セキュリティのためにWindowsとアプリケーションは常に最新版を使う
- 作業を管理者だけで抱え込まず、社員やアウトソーシングを活用する

Section 39 重要なデータを保護する
データのバックアップ

自分で使っているPCでもデータのバックアップは忘れがちです。影響がすべてのユーザに及ぶネットワークでは、バックアップの役割もより重要になります。大切なデータを守るために、確実なバックアップを実施しましょう。

バックアップとは

「バックアップ」とは、サーバやクライアントPCのハードディスクドライブ（HDD）のデータをコピーし、そのコピーをオリジナルとは異なる場所や媒体で保管することです。オリジナルに問題が生じた場合、コピーから復旧（リストア）するか、コピー自体をオリジナルの代わりにすることで、システムを維持するのがその目的です。

PCは、OSのアップデートやバージョンアップ、ハードウェア交換、不具合などにより、OSの再インストールやHDDの再フォーマットが必要となる場合があります。データ消失のリスクを避け、バックアップ作業を容易かつ迅速に行うために、OS、アプリケーション、データは別々の媒体にバックアップすることを推奨します。

▶バックアップの媒体

磁気テープ、光ディスク、（2台目以降の）HDDなどのほか、クラウド環境のオンラインストレージも選択肢の1つです。大規模なネットワークでは、磁気テープライブラリや光ディスクライブラリなどの大がかりなバックアップシステムを利用します。PCが50台規模までのネットワークではHDDでも十分対応できます。最近は、高速なUSB 3.0規格に対応し、容量が2〜3TBの外付けHDDも手ごろな価格で購入できます。同一ドライブを2台購入して2台目のバックアップ用としておけば、さらに安心です。

KEYWORD 世代管理
ハードディスクやファイルのバックアップを、最新の状態に加えて、以前の状態にも戻せるように保存しておくこと。ソフトウェアやハードウェアの設定により、複数の世代管理も可能。

■バックアップソフトウェア

　バックアップを手軽かつ確実に実行するには、バックアップソフトウェアが不可欠です。多くの製品は、バックアップするフォルダやデータと、バックアップの保存先のフォルダを指定するだけで、定期的にバックアップを実行できます。バックアップ速度やユーザインターフェース、詳細な設定項目などは製品により異なるので、事前に調査しましょう。

　ここでは、操作が簡単な無償のバックアップソフトウェア「BunBackup」を紹介します。BunBackupには、更新しても修正前のファイルを残せる世代管理[※]機能があり、削除または上書きしたファイルを復元できるため便利です。バックアップ時間の指定、ログの保存、データの暗号化、オリジナルとバックアップを連動するミラーリングなど、豊富な機能を備えています。

図1　BunBackup

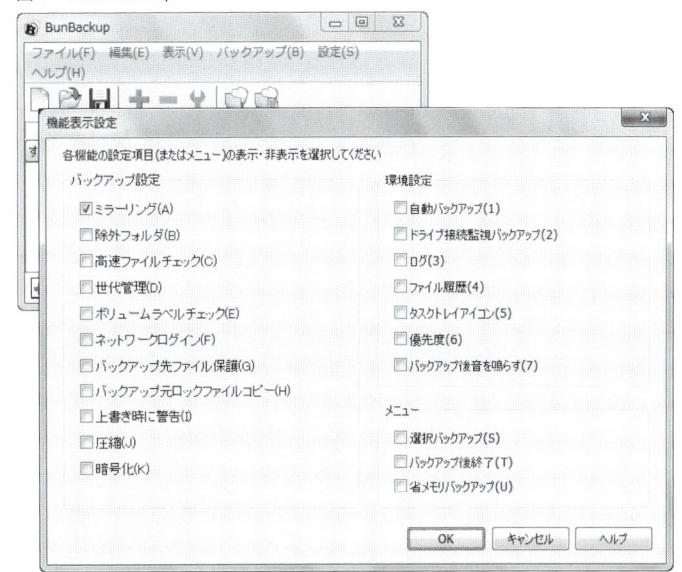

世代管理、時間指定、ミラーリング、圧縮など豊富な機能を備える

　バックアップソフトウェアを利用する場合、対象ファイルがWindowsやアプリケーションで使用中だったり、アクセス権限などに起因するエラーや警告が発生したりして作業が停止する可能性があることに注意してくださ

KEYWORD　フォールトトレラント
障害の発生を前提に、システムを停止させずに機能を維持できるような設計を行うこと。フォールトトレラント設計を導入するかどうかは、システムの重要性やコストとの兼ね合いによる。

い。退社後にバックアップを行う場合、Windowsからログアウトし、アプリケーションが動作しない状態にしておきましょう。

また、どのファイルを、どのフォルダに、どのような名前で保存するかなどバックアップの運用ルールを定めた共通ガイドラインを作成し、万一管理者が不在でも、社員だけで運用を復帰できる体制を整えておきます。

サーバのバックアップ

PCが10台を超えるネットワークでは、サーバに関してはデータのみではなくOSやデータが格納されたHDDを丸ごとコピーする「イメージバックアップ」を実施することをお勧めします。そのためには、予備のHDDとOSで起動して、HDD全体を大きなイメージファイルとして別のHDDなどにバックアップする必要があり、一時的にサーバを停止しなければなりません。

■冗長性の確保

小規模ネットワークでは、HDDを冗長性の高いRAID構成にすることをお勧めします。容量が1TB以上のHDDは低価格化が進み、サーバ本体機能と共有フォルダ用のHDDをそれぞれRAID構成にしてもそれほどコストはかかりません。ただし、耐障害性の高いRAIDでも、障害が発生した箇所によっては障害前の状態を復元することが難しいケースも考えられます。複数のHDDを1台のHDDとして制御するRAIDは、単体のHDDよりデータの復旧が大変という意見もあります。万一の障害に備え、RAIDのバックアップ用HDDを用意したり、冗長性の高いRAID5にミラーリングのRAID1を組み合わせたりすれば、より安心です。

RAIDやシステムの二重化のように、障害が発生してもシステムが停止しないようにするしくみを「フォールトトレラント[※]」といいます。冗長性（複製を複数使って障害時に予備と切り替える）、レプリケーション（複製を複数使って並列処理を行う）、多様性（同じような仕様を複数使って並列処理を行う）などにより、システムの耐障害性を高めることができます。

KEYWORD スナップショット

ある時点でのファイルシステムのイメージをそっくり保存しておき、いつでもその時点に戻すことができるようにする機能。

仮想化とバックアップ

　クラウドコンピューティングの先導企業、グーグルは、世界最大級のデータバックアップを実施している企業の1つです。同社のバックアップはテープ媒体に保存されています。グーグルのクラウド基盤は、仮想化された5万台規模のPCサーバ（Linuxベース）が稼働するデータセンターを世界中に複数配置することで成り立っています。そのバックアップシステムが膨大なテープドライブとバックアップ管理サーバで運用されていることは想像に難くありません。

■仮想化とは

　仮想化とは、コンピュータシステムの物理的な構成要素（CPU、メモリ、HDDなど）を、仮想的に複数に分割したり、逆に1つに統合したりする技術です。たとえば、Windows Server 2008の仮想化機能「Hyper-V」を使うと、複数のWindowsサーバ（仮想サーバ）を1台のハードウェア（物理サーバ）上で稼働できます。これにより、消費電力や設置場所を節約でき、最新ハードウェアを効率的に運用することでパフォーマンスも向上します。

　仮想化環境ではサーバのバックアップを、仮想化対応のバックアップソフトウェアや仮想化のスナップショット※機能を使って仮想サーバ単位で行うか、システムの稼働中に専用の管理ソフトウェアにより物理サーバ単位で行います。

　また、Windows 7 Professional以上では、古いアプリケーションを利用するための「XPモード」という仮想化機能があり、Windows 7上でWindows XPを起動し、2つのWindowsを同時に利用できます。XPモード上でのファイルをそのままコピーして他のWindows 7で起動させ、仮想化システムをバックアップとして活用することも可能です。

Point
- 基本はデータのみだが、余裕があればOSごとバックアップを行う
- 小規模LANならHDDによるバックアップが便利
- 無償で機能が豊富なバックアップソフトウェアを利用しよう

Section 40 ネットワークを高速化する

LANの最新規格とトラフィック分析

ネットワークを高速化するには、ネットワーク機器、PC、周辺機器などを最新の規格に対応させるとともに、ネットワークのトラフィックを分析してボトルネックを突き止め、対策を施すことが重要です。

有線LANの高速化

●ハードウェアの高速化

Webサイトの表示が遅い、データの送受信に時間がかかるなど、社内ネットワークの速度に不満がある場合、まずネットワークを構成するハードウェアに高速化の余地があるかどうか確認しましょう。2011年7月現在、小規模ネットワーク向けでは、1000BASE-T※が最速です。PCや周辺機器のネットワークインターフェース（NIC）、スイッチ、ハブ、LANケーブルなどが100BASE-TXまでにしか対応していない場合、1000BASE-T対応にアップグレードすることで基本的なパフォーマンスは改善されます。

また、通信方式は「全二重」に統一します。半二重方式は、LANの端末同士が通信を行う際に、送信と受信に同一チャンネルを使うため、単方向でしか通信ができません。全二重方式では送信と受信で別のチャンネルを使うので、同時に双方向で送受信できます。

現在、スイッチをはじめとするネットワーク機器の多くは全二重方式に対応していますが、無線LANは半二重方式であるため注意してください。

●トラフィックの分析

ネットワーク構成機器が高速な規格に対応していることを確認したら、次に、LAN上で実際に流れるパケットデータをモニターし、各場所でのトラフィックを監視して、全体のパフォーマンスに悪影響を及ぼしているところ

KEYWORD 1000BASE-T（センベースティー）

伝送速度が1ギガビット毎秒のギガビットイーサネット規格の中で最も普及している規格。IEEE 802.3abとして標準化されている。

図1　全二重と半二重の概念

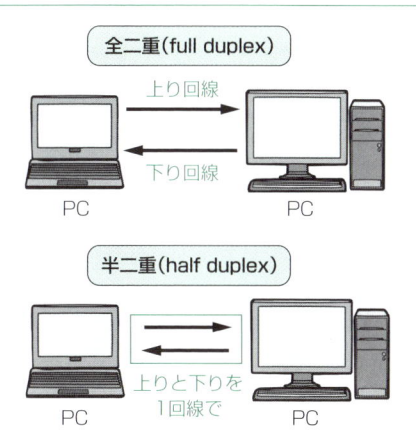

全二重(full duplex)
上り回線
下り回線
PC　　PC

半二重(half duplex)
上りと下りを1回線で
PC　　PC

データの転送において上りと下りの2回線を使うのが全二重、1回線で上りと下りを切り替えるのが半二重である

がないかを確認しましょう。PCの数が増え、無線LANや通信規格の異なる周辺機器が混在してくると、思わぬところでトラフィックが停滞し、ボトルネックが発生することもあるからです。

ここでは、無償のオープンソースソフトウェア「Wireshark」を紹介します。Wiresharkは、「ネットワークプロトコルアナライザ※」の一種で、パケットデータの種類や送信先をリアルタイムに監視できます。

図2　Wireshark

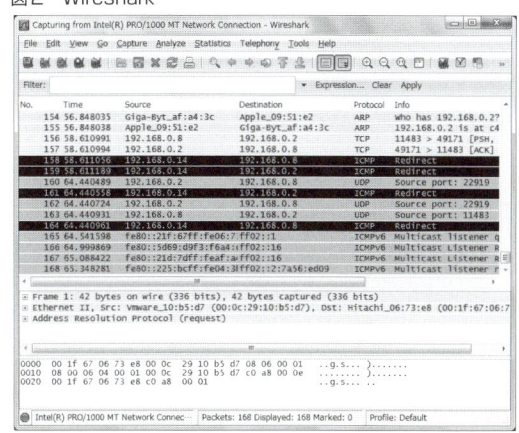

ネットワークのパケットを集めて、その内容や送信先を詳細に解析できる

KEYWORD　ネットワークプロトコルアナライザ
ケーブル上を流れるパケットデータの内容を監視、分析するソフトウェアやハードウェアのこと。

PCは起動中に常にデータを送受信しています。全体のトラフィックに及ぼす影響を考え、使わないPCはシャットダウンしましょう。また、ネットワークが遅くなってきた場合は、L3スイッチやVLANの導入によってセグメントを分割し、余分なパケットの流れを制御する方法も有効です。

無線LANの高速化

　無線LANを使っている場合も、技術の進歩に合わせて最新の規格に対応していきましょう。ノートPCは、標準で無線LAN機能を内蔵したモデルが主流であるため、購入時には最高速の規格を選択します。

　また、意外と効果が大きいのはアクセスポイントの設置位置です。アクセスポイントを壁や天井付近など電波の流れの妨げとならない見通しの良い場所に設置することで、無線LANのパフォーマンスが向上します。PoE※対応のアクセスポイントはAC電源が不要であるため、天井への設置も容易です。

　電波を飛ばしたい方向によっては、アンテナの種類を使い分ける方法も有効です。特定方向への通信距離を伸ばしたい場合には指向性アンテナのアクセスポイント、周辺全域へ均等に電波を飛ばす場合には無指向性アンテナのアクセスポイントを使い分けます。指向性アンテナと無指向性アンテナを組み合わせれば、複数のアクセスポイント間で長距離通信も可能になります。

　アクセスポイントをどこに配置すればよいか、無線LANデータの強度がどの程度なのかなどを確認したい場合、無償の無線LANアナライザ「Network Stumbler」を利用できます。

　Network StumblerをノートPCにインストールして持ち歩くと、通信速度の変化がリアルタイムに表示され、最適なアクセスポイントの設置場所を確認できます。PCやプリンタなどの設置場所が遠い場合など、必要に応じてアクセスポイントを増設して通信距離を短縮します。複数のアクセスポイントを導入する際、通信チャンネルが近いと干渉による速度低下の原因となるため、なるべく離れたチャンネル番号を設定しましょう。中継機を置く場合

KEYWORD PoE（Power over Ethernet）
イーサネットのUTPケーブル（カテゴリ5以上）を利用してネットワーク機器に電源を供給する仕組み。IEEE 802.3afとして標準化されている。

は、「中継機と親機」「中継機と子機」はそれぞれ異なる無線規格にして、電波干渉による速度低下を防ぎます。

無線LANが使用する2.4GHz帯は、Bluetooth、電子レンジ、コードレス電話なども使用します。これらの機器との干渉は解消しにくく、チャンネル番号の変更でも影響が軽減できなければ、離れた場所に設置しましょう。

図3 Network Stumbler

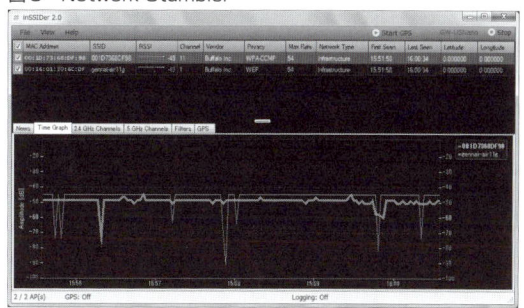

無線LANの通信速度をリアルタイムで監視でき、距離が離れた場合の速度低下などを確認できる

インターネットの高速化

LANからインターネットを利用する際、Webページの閲覧などの操作を高速化する方法として、「プロキシサーバ」の導入があります。プロキシサーバにキャッシュされたデータへアクセスすることによる高速化に加え、フィルタリングによるセキュリティ面のメリットもあります。また、ISPとの契約を、予算が許す範囲でより高速なタイプに更新することをお勧めします。

PCが50台以上の規模になる場合、専用線サービスの利用も検討します。専用線サービスを提供するISPの選択基準は次のとおりです。

・複数のオフィスで同じISPが選べること
・バックボーン（通信回線事業者間の通信回線）がしっかりしていること
・サポートが信頼できること

コストは回線速度と拠点間の距離により異なります。

Point
- 有線LANはギガビット対応、全二重通信を選択する
- 無線LANはアクセスポイントを高所に置き、2.4GHz帯は電波干渉に注意する
- PCが50台以上の場合は専用線接続も検討する

Section 41

停電などでネットワークを中断させないようにする
ハードウェアの停電対策とソフトウェアの管理

ネットワークが使えなくなると業務に大きな支障が生じます。トラブルを最小限で食い止めるために、ハードウェアの停電対策が必要です。また、ソフトウェアの管理と電子メールの移行について説明します。

ハードウェアの管理

瞬時の電圧低下、停電、雷サージ（落雷による過電流）などにより電力状態が急激に悪化すると、ネットワークが止まってしまいます。サーバやブロードバンドルータなどの通信機器が停止し、インターネットや共有フォルダを利用できなくなるばかりか、再起動までの手順が複雑で、復旧まで工数がかかる場合もあります。

● UPSの導入

連続運転の必要性が高い重要なハードウェアには、無停電電源装置（UPS）を導入してください。そのうえで、再起動時の設定項目をできるだけ自動化し、初期導入時から再起動の動作確認を必ず実施します。サーバは、設定変更や機能拡張の後、再起動して自動的に復元できるかをテストします。

● PoE対応機器の導入

UPSを導入する場合、コストと管理面を考え、有線LANに接続している機器をPoE対応に変更すると便利です。PoE対応機器は、電力がLANケーブル経由で供給されるので電源工事が不要で、IP電話、Webカメラ、スイッチ、無線LANのアクセスポイントなどのレイアウトの自由度が広がります。PoE機器を導入する場合は、マニュアルで仕様を確認し、PoE給電能力と消費電力を計算して、UPSの電源容量を選びましょう。

KEYWORD レジストリ

Windows系OSで、基本情報やソフトウェアの拡張情報が保存されているデータベース。通常、プログラム側で管理する。ユーザによる編集も可能だが、高度な専門知識が必要。

図1 PoE導入時のレイアウトの例

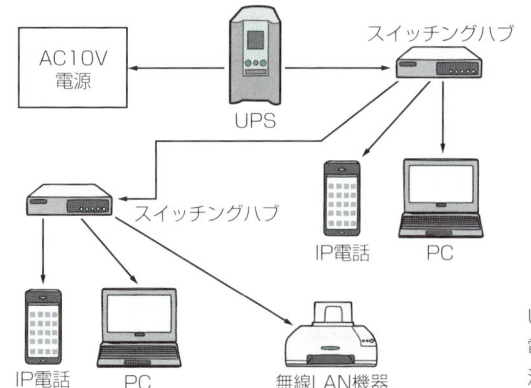

UPSとの連携で停電対策となるほか、IP電話も電源を必要とせず、タコ足配線の解消にもなる

ソフトウェアの管理

各PCにインストールしたソフトウェアの管理を怠ると、思わぬトラブルの原因になりかねません。ここでは、ソフトウェアの管理に手軽に利用できるフリーソフトウェアを紹介します。

■プログラムの追加と削除 一覧出力

ソフトウェアのバージョンや更新日を調べるフリーソフトウェアです。

このソフトウェアをPCごとに起動して一覧データを作成し、CSVファイルに出力するか、印刷して管理者に集めます。管理者がリモートデスクトップ機能で各PCにログインして一覧データを作成することもできます。

■ Glary Utilities

Windowsのシステムファイルの状態、レジストリ※やスタートアッププログラムなどのAdministratorに関連する情報を確認し、プロセスの停止なども行えるフリーソフトウェアです。

Point
- UPSを活用して停電や落雷などに備える
- PoEでネットワークのレイアウトと電源効率を最適化する
- PCにインストールしたソフトウェアの管理には便利なツールを活用しよう

Column

Webブラウザと電子メールソフト
技術の進歩に合わせてブラウザやメールソフトを使いこなそう

　インターネットを利用する場合、50％以上のシェアを持つMicrosoft Internet Explorer以外にも、さまざまなブラウザを選択できます。Mozilla Firefoxはアドオンの豊富さ、多くのOSに対応している点が魅力です。Google Chromeは独立したタブがそれぞれWebサイトへアクセスするため、軽快です。Mac OS Xに標準搭載されているApple Safariは、スマートフォンやタブレットにも採用され、操作性の良さが人気です。独自の表示機構により高速なOperaも、PCだけでなく携帯機器で利用できます。

　電子メールソフトについては、Windows 7ではWindows Live Mailが標準になりましたが、Officeに含まれるOutlookもビジネスで広く使われています。Mozilla Thunderbirdは、タブ表示や学習型迷惑メールフィルタ機能が充実しています。商用版からオープンソースに移行したEudora、日本語表現と軽快な動作で根強い人気を持つBecky！、日本製のAl-mailやWinbiffなどもあります。

直感的な操作性に優れたApple Safariと、操作が軽快でシンプルなGoogle Chrome

第7章

よくあるネットワークトラブルへの対処法

42 ネットワークトラブルの原因を整理する
43 ネットワークにつながらなくなったら
44 ネットワークが遅くなったら
45 電子メールやインターネットがつながらなくなったら
46 Windowsで使える便利なツール

Section 42 ネットワークトラブルの原因を整理する
トラブルの整理

ネットワークが稼働すると、さまざまな種類のトラブルが発生します。事前にトラブルの種類を整理しておくことで発生時の切り分けも容易になり、迅速な対応で業務への影響を最小限に抑えることができます。

トラブルの種類

ネットワークのトラブルには、表1に示すようにさまざまあります。

表1　ネットワークのトラブルと主な原因

トラブル	主な原因
ネットワークがまったくつながらない	**通信回線に関連するトラブル** ISP側の障害、ブロードバンドルータの設定ミス、LANケーブルの不具合など
ネットワークの全部または一部がつながらない	**ネットワーク機器に関連する障害** ルータやスイッチの故障、設定ミス、制御トラブル、電源状態の変化による不具合など
共有リソースを使えない	**サーバに関連する障害** OSの設定ミスやバグ、ディスク容量の不足、過度のアクセスによるサーバの停止、ハードウェアの故障など
一部のソフトウェアを使えない	**アプリケーションに起因する障害** ソフトウェアの設定ミスやバグ、リソースの競合、過度のアクセスなどによるパフォーマンスの低下やハングアップ[※]など

　Sec. 43以降では、「ネットワークがつながらない」「インターネットや電子メールがつながらない」などのよくあるトラブルについて、その対処方法を説明します。

KEYWORD　ハングアップ
ソフトウェアが突然停止して、入力を受け付けなくなる状態のこと。

ネットワーク上のトラブル発生箇所の特定

　トラブル解決の第一歩は、発生箇所の特定です。TCP/IPネットワークでは、コマンドを使って各ネットワーク機器のMACアドレスとIPアドレス宛てにパケットを送信することで、接続が正常に行われているかどうかを判断できます。

　pingコマンドは、相手にパケットを送信し疎通を確認します。返答メッセージを見ながらLANケーブルやコネクタを調べれば、接続トラブルを発見することもできます。メッセージにより「ルーティング不能」「ルータのループ」「ホスト名検索の失敗」「ホストの停止」などに分類できます。

　ipconfigコマンドは、PCのネットワークインターフェースやIPネットワークの設定情報、DHCPの設定やハードウェアの不具合などを確認できます。また、tracert（ネットワーク経路の調査）、route（ルーティングテーブルの表示、設定）、arp（ネットワーク上のIPアドレス、MACアドレス、OSなどの調査）、netstat（プロトコル、IPアドレスとポート、ホスト名、現在のステータス）、nslookup（DNS情報）などのコマンドもよく使われます。

図1　pingとipconfig

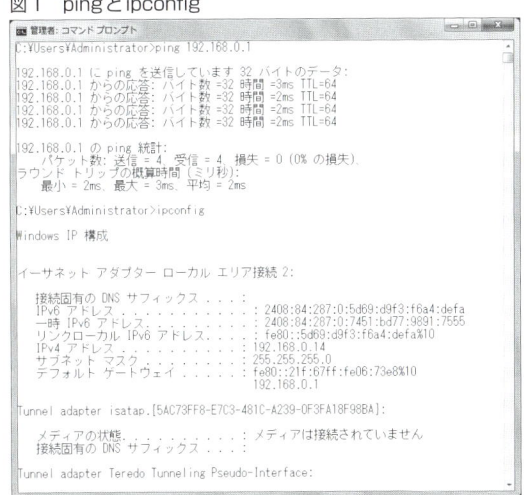

pingやipconfigはWindowsの「コマンドプロンプト」上で実行する。コマンドの後に「/?」を付ければヘルプを参照できる

Point
- トラブルの種類をあらかじめ整理しておこう
- pingで疎通を確認し、接続トラブルを発見する
- ipconfigでネットワークインターフェースやIPネットワークの設定を確認する

Section 43 ネットワークに つながらなくなったら
トラブルの原因の切り分け

ネットワークのトラブルで最も苦労するのは、場所の特定です。Windowsのツールやフリーソフトウェアを使ってデータを分析しながら対象を絞ったら、後は機器やケーブルを点検して復旧作業を行います。

ハードウェアの確認

最初に、PCのネットワークインターフェースが正常かどうか確認します。

① ［スタート］メニューから［コントロールパネル］→［ネットワークとインターネット］→［ネットワークと共有センター］→［アダプターの設定の変更］の順に進む

② 使用しているネットワークインターフェース（LANアダプタ）を選択して［この接続の状況を表示する］をクリックする

図1 ネットワークインターフェース（LANアダプタ）のプロパティ

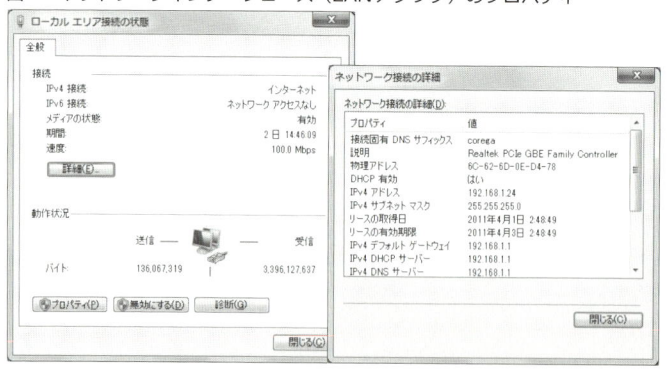

現在のネットワーク接続状況を監視でき、DHCPやゲートウェイ*の設定なども確認できる

ネットワークインターフェースに問題がなければ、pingコマンドでネットワーク上の機器に対して疎通を確認します。疎通が確認できない場合、多くはハードウェアの故障かケーブルの接続不良が原因で、これらは設置場所で

KEYWORD ゲートウェイ
プロトコルや通信媒体が異なる2つのネットワークを接続するためのハードウェアやソフトウェアのこと。この場合はルータやスイッチを指す。

すぐに確認できます。スイッチが複数ある場合、故障箇所の特定のためにトラフィックを分析するのは手間がかかります。ここでは、TWSNMPマネージャ（http://www.twise.co.jp/twsnmp.html）という無償のネットワーク管理ソフトウェアを紹介します。TWSNMPマネージャではグラフィカルな表示でPCやルータなどの接続状況を確認できます。

図2　TWSNMPマネージャ

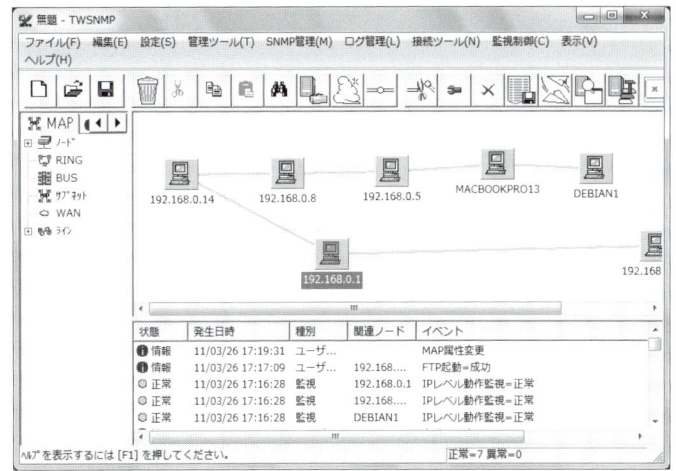

LAN上の機器マップを自動的にスキャンして作成する便利なフリーソフトウェア

　無線LANがつながらない場合、まず有線LANに接続できるか確認します。次に無線LANアダプタのドライバのバージョンや暗号化の規格が古くないか、PC側で無線LANのハードウェアのオン／オフのスイッチがオフになっていないかなどを確認します。確認の結果、問題がなければ、Network Stumblerなどのフリーソフトウェアを使ってアクセスポイントの電波強度を調べながらレイアウトを確認し、必要に応じてアクセスポイントを増設します。無線LANメーカーが提供するネットワーク管理ソフトウェアを使えば、各アクセスポイントの電波強度※に加え、ファームウェアの更新なども一元管理でき、便利です。

KEYWORD　電波強度

電波の電界強度のこと。アクセスポイントなどから出された電波が距離によってどのくらいの強さになるかを調べる際の指標。

ソフトウェアの確認

　TCP/IP関連のソフトウェアは、Windowsをはじめ、ほとんどのOSでインストール時にデフォルトの値が設定されます。通常は再起動で復旧しますが、無線と有線など、複数のネットワークインターフェースを使っている場合は、[ネットワークと共有センター]でハードウェアと同じ手順で動作状況を確認しましょう。

　Windows 7の場合、シャットダウン時のネットワークインターフェースの状態を記憶して、再起動時にその状態でWindowsを起動します。ノートPCを自宅では無線LAN、会社では有線LANで使う場合、ネットワークインターフェースの再設定が必要になることもあるので注意しましょう。

ファイル共有にまつわるトラブル

　ハードウェアの接続、ソフトウェアの設定のどちらも問題がないのに、PCや共有フォルダに突然アクセスできなくなることがあります。しかも、再起動で復旧する場合も復旧しない場合もあるので厄介です。この現象は、WindowsネットワークでPC名からIPアドレスを求める「名前解決」ができなくなったときによく起こります。

図3　ブラウザサービスの概念

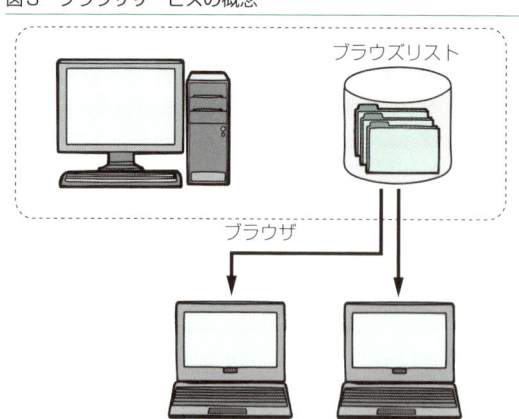

ブラウズリスト

ブラウザ

ネットワーク上のPC

PCの一覧を管理するサービスで、複数のPCをブラウザサービスを実行する「ブラウザ」にすることも可能

KEYWORD　ブラウズリスト

Windowsネットワーク上のPCやサーバ名の一覧。PCがネットワークに参加するとこの一覧に登録され、シャットダウンすると登録が解除される。

原因の1つに、Windowsネットワークで、「ブラウザサービス」を実行しているPC（ブラウザという）が管理するブラウザリスト※を参照できない状態が考えられます。

ネットワーク上のPCは、このブラウズリストをもとに他のPC名を取得します。ブラウザサービスは、ネットワークに定期的に状態確認通知（サーバアナウンス）を送って最新のPC一覧情報をブラウズリストに保持しますが、PCがネットワーク接続したタイミングにより、一時的にPCがリストに含まれない場合があります。新しいPCをWindowsネットワークに接続してもすぐにはPC名が表示されず、しばらく経ってから表示されることがあるのはこのためです。

また、ブラウザサービスは、Windowsのバージョンごとに優先順位を決めてPC名の一覧を管理します。できるだけ混在環境を避け、Windows 7に統一することでネットワークへの負荷が低減されます。

ネットワーク上に複数のブラウザが存在する場合、最も優先順位の高いブラウザをマスタブラウザといいます。マスタブラウザは、nbtstatコマンドの「-n」オプションで簡単に探すことができます。

図4　nbtstat -nコマンド

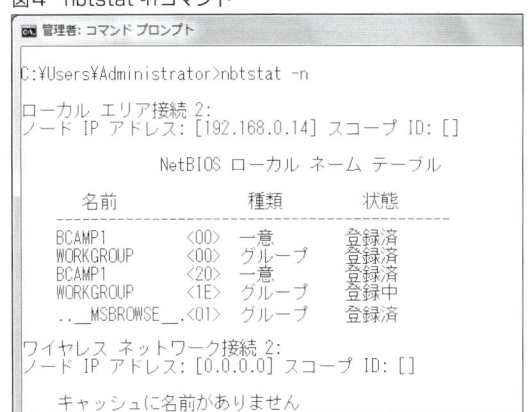

```
管理者: コマンド プロンプト

C:\Users\Administrator>nbtstat -n

ローカル エリア接続 2:
ノード IP アドレス: [192.168.0.14] スコープ ID: []

           NetBIOS ローカル ネーム テーブル

       名前               種類         状態
    ---------------------------------------------
    BCAMP1         <00>  一意        登録済
    WORKGROUP      <00>  グループ    登録済
    BCAMP1         <20>  一意        登録済
    WORKGROUP      <1E>  グループ    登録中
    .._MSBROWSE_.  <01>  グループ    登録済

ワイヤレス ネットワーク接続 2:
ノード IP アドレス: [0.0.0.0] スコープ ID: []
    キャッシュに名前がありません
```

名前が「.._MSBROWSE_.」という表示はマスタブラウザを意味する

● NetBIOSの名前解決

Windows系OSは、最初「NetBIOS※」というネットワークインターフェー

KEYWORD NetBIOS（Network Basic Input Output System）
IBMによって開発された小規模ネットワーク向けのインターフェースのこと。

スを採用しており、その後TCP/IPを取り入れました。そのため、ネットワーク上のPCは、NetBIOS用のコンピュータ名（NetBIOS名）とTCP/IP用の「フルコンピュータ名」の2種類の名前を持ちます。

NetBIOS名は、通常はPCのコンピュータ名と同じですが、ドメインにログインしているとドメイン名が付加され、ワークグループで使われます。フルコンピュータ名はTCP/IPの「完全修飾ドメイン名※」と同じです。

Windows 7では、フルコンピュータ名用とNetBIOS名用に複数の名前解決方法があります。DNSはフルコンピュータ名の代表的な名前解決方法です。DNSを持たない小規模LANでは、フルコンピュータ名とIPアドレスの対応を記述したhostsファイルというテキストファイルを利用します。NetBIOS名にはブロードキャスト、WINS、LMHOSTSファイル、LLMNRなどの名前解決方法があります。名前解決がどのように行われるかはネットワークの構成により異なりますが、ブラウザサービスを利用する場合はNetBIOS名の名前解決が行われるようにする必要があります。

WINS（Windows Internet Name Service）は、TCP/IP上でNetBIOS名を使用可能にします。Windows ServerやSambaで利用でき、ルータを越えて名前を解決できます。Active Directory環境でも利用可能です。

LMHOSTSファイルは、NetBIOS名とIPアドレスの対応を記述したテキストファイルで、ローカルPCに保存されます。

▶ SMBのバージョンの統一

Windowsネットワークのファイル共有ではSMB（Server Message Block）というプロトコルを使います。SMBは、Windows Vista以降、バージョンが2.0になりました。SMB 2.0は、SMB 1.0よりもファイルにアクセスする手順が大幅に効率化されましたが、SMB 1.0を採用するOSとの通信にはSMB 1.0が使われるため、そのメリットを享受できません。この意味でも、ネットワークでは、極力SMB 2.0 対応のWindows 7で統一するのが理想です。

▶ IPアドレスの重複の回避

社内のネットワークでDHCPを利用していれば、IPアドレスの重複はあ

KEYWORD 完全修飾ドメイン名

FQDN（Fully Qualified Domain Name）ともいう。TCP/IPネットワークで使用するコンピュータ名で、ドメイン名、サブドメイン名、ホスト名をすべて含むもの。

まり起こりません。それでも、新しい周辺機器にIPアドレスを固定で設定するなどのミスは起こり得ます。IPアドレスが重複するとPCを特定できなくなるため、ファイル共有を行えないなどの問題が発生します。

ノートPCなどをスリープ／スタンバイモードから再起動すると、IPアドレスの競合の警告メッセージが出ることがあります。これは、再起動時点のネットワーク上のIPアドレスの設定と、スリープ／スタンバイの前に使っていたIPアドレスが重複しているためです。通常は、ネットワークインターフェースを再起動してDHCPで新しいIPアドレスを取得する（ipconfig -renewコマンドでも可能）か、Windowsを再起動すれば回復します。

ネットワーク上のIPアドレスを確認するには、arpコマンドを使います。「-a」オプションを付けて実行すると、PCのネットワークインターフェースを検知してIPアドレスとMACアドレスなどの情報を表示します。

図5　arp -aコマンド

```
管理者: コマンド プロンプト
C:¥Users¥Administrator>arp -a -v

インターフェイス: 127.0.0.1 --- 0x1
  インターネット アドレス      物理アドレス          種類
  224.0.0.22                                      静的
  224.0.0.251                                     静的
  224.0.0.252                                     静的
  239.255.255.250                                 静的

インターフェイス: 192.168.0.14 --- 0xa
  インターネット アドレス      物理アドレス          種類
  192.168.0.1           00-1f-67-06-73-e8         動的
  192.168.0.2           c4-2c-03-09-51-e2         動的
  192.168.0.5           00-16-01-30-6c-de         動的
  192.168.0.8           00-19-b9-4e-84-c6         動的
  192.168.0.172         00-00-00-00-00-00         無効
```

arpコマンドでは、通信機器などのIPアドレスについても重複を調べることができる

DHCPでは、リース期間（発行されたIPアドレスの利用期間）が経過するまでIPアドレスは発行済みになります。モバイル端末が多用され、IPアドレスの発行が頻発する場合や、DHCPサーバが再起動された直後でまだIPアドレスの発行が開始されない場合などには、1セグメントあたりのIPアドレスの発行数が枯渇することがあります。DHCPのリース期間や、発行できるIPアドレスの数などを運用に合わせて調整しましょう。

Point

- PCのネットワークインターフェースを確認した後にpingで疎通を確認する
- LAN上の機器の配置を視覚的に確認できるツールを活用する
- ファイルを共有できない場合は、NetBIOS名、SMB、IPアドレスの重複などを確認する

Section 44 ネットワークが遅くなったら
トラブルの要因を探す

ネットワークの動作が遅くなる、いわゆる「ネットワークが重い」現象にもさまざまな要因があります。ハードウェアは障害箇所と問題を特定して解決し、ソフトウェアは普段から重くなる要因を減らす設定を心がけておきます。

■ネットワークのレスポンスを計測

「ネットワークが重い」という場合には、「トラフィックが混雑」「共有フォルダへのアクセスが遅い」「特定のPCや機器へのアクセスが遅い」など、さまざまな現象が含まれます。pingコマンドでパケットが経由したルータのアドレスと到達時間を確認し、到達時間を比較して遅い場所を探します。

図1 pingコマンドによる計測

```
管理者: コマンド プロンプト

C:¥Users¥Administrator>ping -r 2 -s 2 192.168.0.200

192.168.0.200 に ping を送信しています 32 バイトのデータ:
192.168.0.200 からの応答: バイト数 =32 時間 =3ms TTL=64
    ルート: 192.168.0.200 ->
           192.168.0.200
    タイムスタンプ: 192.168.0.200 : 30928488 ->
                   192.168.0.200 : 30928488
192.168.0.200 からの応答: バイト数 =32 時間 <1ms TTL=64
    ルート: 192.168.0.200 ->
           192.168.0.200
    タイムスタンプ: 192.168.0.200 : 30929502 ->
                   192.168.0.200 : 30929502
192.168.0.200 からの応答: バイト数 =32 時間 <1ms TTL=64
    ルート: 192.168.0.200 ->
           192.168.0.200
    タイムスタンプ: 192.168.0.200 : 30930520 ->
                   192.168.0.200 : 30930520
```

pingコマンドのオプションを使えば、ネットワークのレスポンスを数値で把握できる

●ハードウェアが原因の場合

パケットの内容を確認できるソフトウェアなどでトラフィックを監視し、「エラーフレーム」（CRC[※]）などのエラーが表示される場合は、ネットワークインターフェースの故障、LANケーブルの不良、通信機器の故障などが考えられます。パケットの消失が起きている場合は、通信機器がパケットを

KEYWORD CRC（Cyclical Redundancy Check）
巡回冗長検査。転送されるデータにエラーがないかどうかをチェックする方法の1つ。

エラーフレームとして破棄しているか、パケットがオーバーフローしている可能性があります。ネットワークの帯域幅が狭いことが原因である可能性もあるため、ルータや通信機器の帯域幅の制御を確認しましょう。

ネットワークが突然重くなった場合、L3スイッチやルータなどのファームウェアの不具合が考えられるため、メーカーのサポートに連絡します。

■ソフトウェアが原因の場合

使っているPCだけが重い場合、常駐型プログラムがスタートアップ時に多数実行されていることが考えられます。対処として、コマンドプロンプトからmsconfigコマンドを実行し、[システム構成]の[スタートアップ]タブで不要なソフトウェアのチェックを外し、無効にします。

図2 [システム構成]の[スタートアップ]タブを調整

スタートアップのほか、ブート方法、サービスプログラムなどの内部動作の調整も行うことができる

無線LANが遅く、不安定になる場合

無線LANのチャンネルが電波干渉を起こしている可能性があります。近くのアクセスポイントの周波数とチャンネルを確認し、離れたチャンネルに設定しましょう。一般に、同じチャンネルを使用する無線LANが存在すると電波干渉で速度が低下したり、不安定になったりします。特に、アクセスポイントが4つ以上あると電波干渉が起こりやすくなるので、注意しましょう。

Point
- パケットを監視してエラーの内容を判別する
- Windowsのスタートアップ時のプログラムを最適化する
- アクセスポイント間の電波干渉に注意する

Section 45 電子メールやインターネットがつながらなくなったら
インターネットのトラブル

インターネットに接続できない原因は、多くの場合、電子メールソフトやブラウザの設定ミスによるものです。設定方法や対処方法をマニュアル化しておくことで、多くのトラブルを防げます。

電子メールの送受信トラブル

メールを送受信できない場合、まずエラーメッセージを確認しましょう。

メールの受信（POP）で、「メールサーバにログオンできない」などのメッセージが出る場合、パスワードが間違っています。パスワードについては、Capsキーのオン／オフ、大文字／小文字、かな漢字変換モードなど、キーボードの入力の設定を再確認するように指導します。

「サーバへの接続に失敗した」と表示される場合、pingコマンドで受信メールサーバへの疎通確認を行い、メールソフトの送信の設定が間違っていないかを確認します。ISPがセキュリティ上、pingコマンドの送信を拒否するように設定している場合、ISPに問い合わせてください。

メールの送信（SMTP）で「User unknown※」などのメッセージが表示された場合、送信先に指定したメールアドレスが間違っているか、送信先のメールサーバ上で見つからないことなどが原因です。

また、「Host unknown」や「Host not found」は、メールアドレスが見つからないほか、ルーティングなどの理由でDNSのホスト名が見つからないか、サーバの停止などが考えられます。「Message exceeds」は、1回に送信できるデータのサイズの上限を超えています。それ以外で意味がわからないメッセージは、メールサーバの管理者やISPに問い合わせてみましょう。

KEYWORD User unknown
送信先のメールサーバの設定により、すぐにこのメッセージが表示される場合と、ある程度時間が経ってから表示される場合（メールサーバがリトライを繰り返すため）がある。

迷惑メール対策によるエラー

現在、ISPの多くは、迷惑メールを撲滅するために、メールの送信（SMTP）に使うポートを標準の25から587に変更しています（OP25B[※]）。OSや電子メールソフトをインストールした際、SMTPのポートがデフォルトの25に設定されており、メールを送信できない場合があります。プロパティとISPの設定を確認して、587に変更しましょう。

図1　Windows Live Mail 2011の設定画面

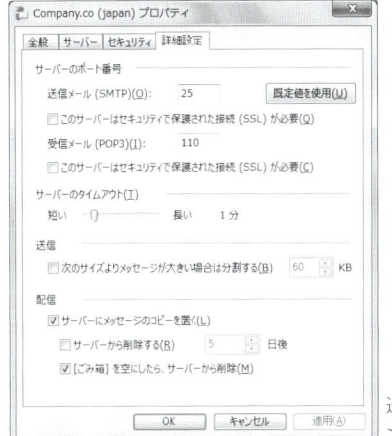

送信メールのメールサーバ名、ポートを設定し、認証アカウントを使う場合が多い

図2　Mozilla Thunderbird 3.1.9の設定画面

送信サーバの接続の保護や認証方式などの設定はISPによって異なるが、一般に何らかの認証が設定されている

KEYWORD　OP25B（Outbound Port 25 Blocking）
ISPのメールサーバを経由せずにSMTPのポート25を使って直接他のISPのメールサーバに送ろうとするメールをブロックする対策のこと。

「POP before SMTP※」の認証方式や、社外のネットワーク（有線LAN、無線LANスポット、モバイルなど）を利用する場合、そのネットワークのISP経由でメールを送受信することになります。うまく送受信できない場合は、ISPのWebサイトなどで、メールの設定方法を確認しましょう。

無線LANでメールを送信できない

　無線LANを使っているPCで、再起動後、突然メールを送信できなくなることがあります。この場合、Windows 7の再起動時に、もともと利用していたものではない別のアクセスポイントに接続してしまった可能性があります。それが社内のアクセスポイントであれば、同じブロードバンドルータ経由でISPへ接続されるので問題はありません。他の企業や個人が所有するアクセスポイントであれば、別のブロードバンドルータ経由でインターネットに接続します。ISPが他のアクセスポイントからの送信を制限している場合があるため、メールを送信できなくなります。Webサイトの閲覧やメールの受信はできるのに、メールの送信だけができなくなった場合は接続先（SSIDなど）を確認してください（Sec. 21を参照）。

図3　他のアクセスポイントに接続する例

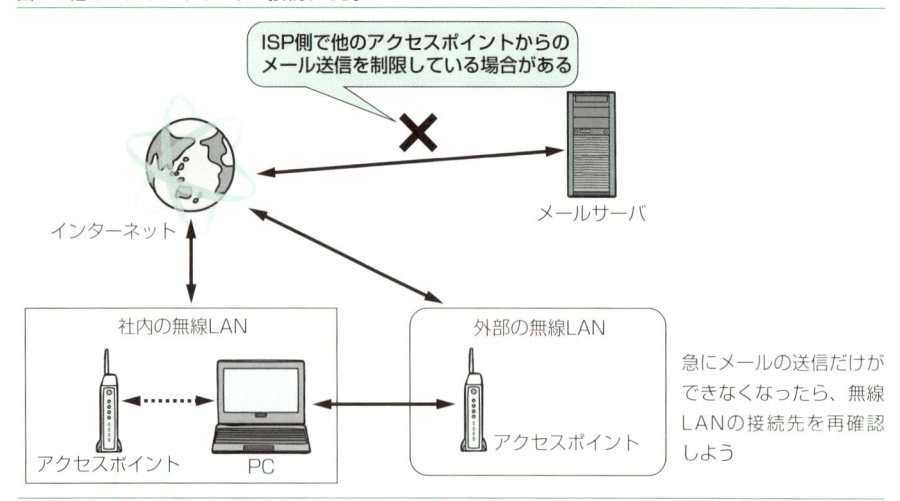

急にメールの送信だけができなくなったら、無線LANの接続先を再確認しよう

KEYWORD　POP before SMTP
SMTPは認証機能を持たないため、POPの認証機能を利用して一度受信メールサーバからメールを受信して認証を行ってから、メールの送信を許可する方式。

Webサイトを閲覧できない

■ハードウェアの確認

　Webサイトを閲覧できないというトラブルは、多くの場合、ハードウェアよりもソフトウェアに原因があります。そこでまず、pingコマンドを使ってWebサイトのサーバ（www.xxxxx.co.jp）やブロードバンドルータなどのIPアドレスへの疎通を確認します。ブロードバンドルータの正常稼働が確認できたら、続けてファイアウォールのフィルタリングやプロキシなどの設定も確認して、ハードウェアが原因である可能性を除外しましょう。

■ソフトウェアの確認

　ハードウェアに問題がないことを確認できたら、最低限のメールウイルス対策だけを残し、ウイルス対策ソフトのセキュリティの設定をオフにします。この状態でpingコマンドで疎通が確認できるのに、ブラウザでインターネットを閲覧できない場合は、ブラウザに問題があると思われます。特に、ブラウザにさまざまなプラグイン[※]をインストールしていると動作が重くなり、最悪ハングアップすることがあります。プラグインはブラウザの利便性を高めますが、業務での利用は必要最小限にとどめておくべきです。

　ブラウザ自体も、ファイアウォールやプロキシなど、社内ネットワークに必要な専用の設定以外は、標準の設定で使うようにしましょう。

　Internet Explorer 8では、次の手順でプロキシの設定を確認できます。

① ［ツール］メニューの［インターネットオプション］を選択する
② ［接続］タブで［LANの設定］ボタンをクリックする
③ ［LANにプロキシサーバーを使用する］チェックボックスをオンにし、［詳細設定］ボタンをクリックする
④ ［プロシキの設定］で指定されたプロキシサーバのアドレスやポート番号を入力して［OK］ボタンをクリックする

　また、ブラウザをプラグインも含めて初期化すると、ブラウザの障害かどうかを切り分けられます。Internet Explorer 8では、次の手順でツールバーやアドオン、セキュリティなどの設定をすべてリセットできます。

KEYWORD　プラグイン

ブラウザに後から追加するプログラムのこと。ブラウザを開発したメーカー以外のサードパーティ製のものが多い。

① ［ツール］メニューの［インターネットオプション］を選択する
② ［詳細設定］タブで［リセット］ボタンをクリックする

図4　Internet Explorer 8のプロキシの設定

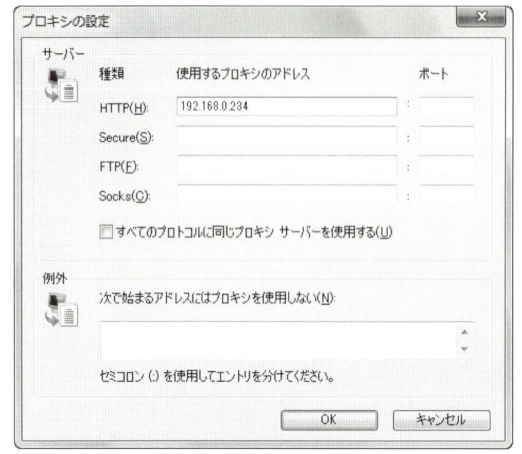

プロキシに対応していない機能もあるので、不具合のときには確認が必要

図5　Internet Explorer 8の詳細設定

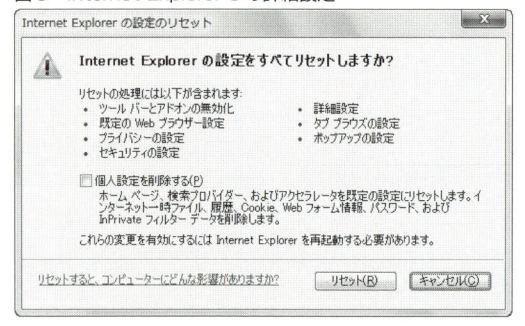

ブラウザの初期化は、セキュリティも含めてすべてリセットされるので、ブラウザが不安定な場合以外は使わないようにする

　Firefoxの場合、Firefoxをインストールしたフォルダを丸ごと削除して再インストールし、削除前の設定をすべてクリアします。
　業務でインターネットを使う場合、さまざまな機能を使う必要性は低いです。シンプルで軽快な状態でブラウザを使うために、ブラウザのタブを複数開かないなど、重くならない使い方について社内で情報を共有しましょう。

KEYWORD hostsファイル
Webサイトなどを表示するために、TCP/IPネットワーク上のIPアドレスとホスト名の対応を記述するテキストファイル。Windows 7では「C:¥Windows¥System32¥drivers¥etc¥」に格納されている。

特定のWebサイトだけが見られない

フィルタリングやファイアウォールの設定などが影響しています。それらの設定を確認して問題がなければ、ブラウザの設定が変更されている可能性があります。別のブラウザで見られるか試してみましょう。

ブラウザに問題がない場合、Windowsのtracertコマンドで、特定のサイトへ接続するまでのルータ経由のルートを確認できます。コマンドプロンプトで確認したいWebサイトのURLやIPアドレスを指定してtracertを実行すると、そのWebサイトへのルートが表示されます。どこまで到達できるか、到達したWebサイトは正しいサイトかも確認しておきましょう。

図6　tracertコマンドの実行例

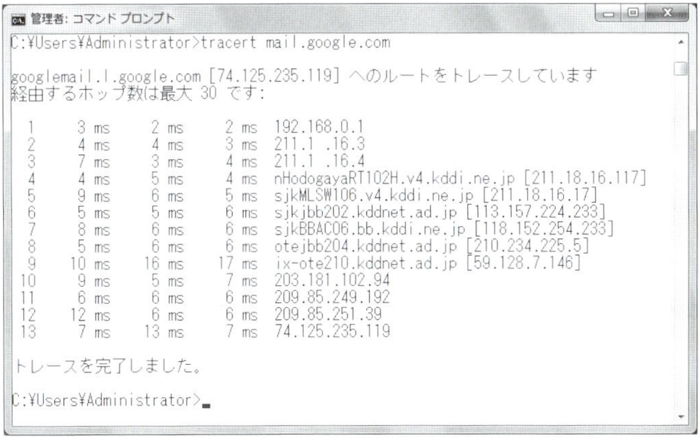

```
管理者: コマンド プロンプト
C:¥Users¥Administrator>tracert mail.google.com

googlemail.l.google.com [74.125.235.119] へのルートをトレースしています
経由するホップ数は最大 30 です:

  1     3 ms     2 ms     2 ms  192.168.0.1
  2     4 ms     4 ms     3 ms  211.1 .16.3
  3     7 ms     3 ms     4 ms  211.1 .16.4
  4     4 ms     5 ms     4 ms  nHodogayaRT102H.v4.kddi.ne.jp [211.18.16.117]
  5     9 ms     6 ms     5 ms  sjkMLSW106.v4.kddi.ne.jp [211.18.16.17]
  6     5 ms     5 ms     6 ms  sjkjbb202.kddnet.ad.jp [113.157.224.233]
  7     8 ms     6 ms     6 ms  sjkBBAC06.bb.kddi.ne.jp [118.152.254.233]
  8     5 ms     6 ms     6 ms  otejbb204.kddnet.ad.jp [210.234.225.5]
  9    10 ms    16 ms    17 ms  ix-ote210.kddnet.ad.jp [59.128.7.146]
 10     9 ms     5 ms     7 ms  203.181.102.94
 11     6 ms     6 ms     6 ms  209.85.249.192
 12    12 ms     6 ms     6 ms  209.85.251.39
 13     7 ms    13 ms     7 ms  74.125.235.119

トレースを完了しました。

C:¥Users¥Administrator>
```

インターネットで公開されているサーバまでの経路を表示する

また、ウイルスやスパイウェアなどにより、PCのhostsファイル※が書き変えられ、ファイルに含まれるホスト名ではインターネットに接続できなくなっている可能性もあります。hostsファイルへの不正アクセスを防ぐことはもちろん、正しいhostsファイルをバックアップしておき、定期的に内容を確認します。不正に書き換えられてフィッシングサイトへ誘導させるようになっている場合もあるため、注意しましょう。

Point

- メールの送受信トラブルは、メッセージに解決のヒントがある
- Webブラウザはシンプルな設定で使い、必要なら設定をリセットする
- 特定のWebサイトへのルートをtracertコマンドで確認できる

Section 46 Windowsで使える便利なツール

タスクマネージャーとリソースモニター

Windows 7が提供する「タスクマネージャー」と「リソースモニター」について説明します。ネットワークとPCの管理ツールとして、トラブルの原因解明に活用し、業務改善に役立てましょう。

タスクマネージャー

　Windows NT以降のWindowsには、内部のプロセス※を監視するツールとして「タスクマネージャー」が組み込まれています。

　タスクマネージャーは、次のいずれかの方法で起動します。

- Ctrl+Alt+Deleteキーを同時に押して［タスクマネージャーの起動］を選択する
- Ctrl+Shift+Escキーを同時に押す
- タスクバーの空白の領域を右クリックして［タスクマネージャーの起動］を選択する

図1　Windowsタスクマネージャーの［パフォーマンス］タブ

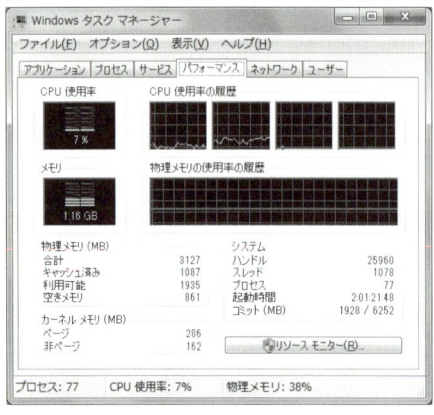

タスクマネージャーはWindowsの内部状態をさまざまな切り口で監視できる便利なツール

KEYWORD　プロセス
OSによってCPUやメモリなどのリソースを割り当てられ、処理を実行するプログラムの実体のこと。

- ▶ ［アプリケーション］タブ

　現在起動されているアプリケーションを一覧で表示できます。予期せぬエラーなどでアプリケーションがハングアップしたとき、Windowsの警告メッセージで停止するよりこのタブでアプリケーションを選択して［タスクの終了］ボタンをクリックすると早く終了できる場合があります。

- ▶ ［プロセス］タブ

　稼働中のプロセスのメモリやCPUの使用率を監視し、プロセスを終了させることができます。たとえば、同じアプリケーションの複数のプロセスが起動しているためにアプリケーションを終了できない場合などは、このタブでそのプロセスをすべて終了させてアプリケーションを終了できます。

図2　プロセスの表示

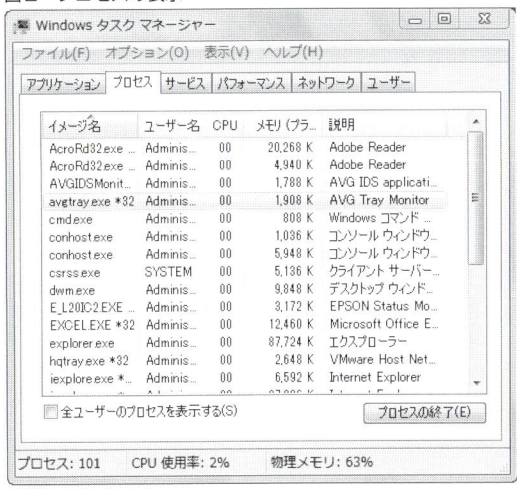

アプリケーションやシステム内部のWindowsサービスなどのプロセスを表示できる

- ▶ ［サービス］タブ

　［サービス］ボタンで、インストールされているサービス※の設定が可能です。不要なサービスは、右クリックして［プロパティ］を選択し、［スタートアップの種類］を自動から手動に変更します。

- ▶ ［パフォーマンス］タブ

　CPU使用率とメモリ使用量をグラフで確認できます。メモリ使用量は、

KEYWORD　サービス

Windowsの起動時に実行され、バックグラウンドで動作し、ユーザインターフェースを持たずに特定の機能を提供するプロセスのこと。

物理メモリの使用量からDLLなどのメモリ使用量を引いた値の合計です。
- ［ネットワーク］タブ

現在のネットワークの状態を確認できます。［表示］メニューの［列の選択］をクリックすると、送信と受信のスループット、バイト数、ユニキャスト[※]数など確認したい項目を個別に指定でき、便利です。

- ［ユーザー］タブ

PCにログインしているユーザを一覧で表示し、ユーザごとにログオフや切断を行うことができます。

図3　ネットワーク状態の監視

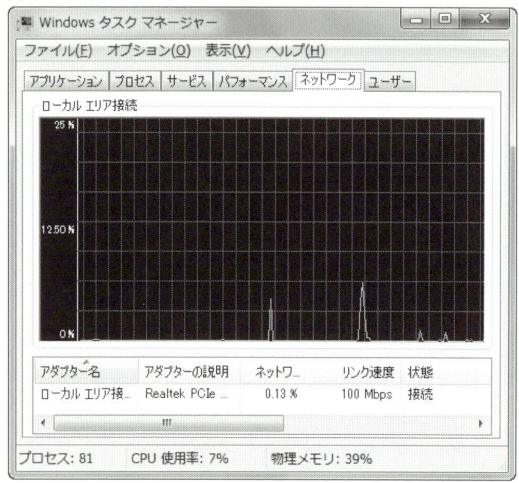

ネットワークのリソースの使用状況をリアルタイムにグラフィカルな画面で確認可能

リソースモニター

ソフトウェアとハードウェアの使用状況を表示するツールです。次の方法で起動します。

・タスクマネージャーの［パフォーマンス］タブで［リソースモニター］ボタンをクリックする
・コマンドプロンプトでperfmonコマンドを実行し、［リソースモニターを開く］をクリックする

KEYWORD ユニキャスト

ネットワーク内に接続されている特定の1ユーザに対してデータ送信すること。通信の最も基本的な形態で、マルチキャストやブロードキャストとの対比で使われる。

- [ネットワーク] タブ

 ネットワークの使用状況についての詳細な情報を確認できます。

- [CPU] タブ

 プロセスを選択すると、関連付けられたハンドル（ファイル、レジストリキー、イベント、ディレクトリなどのシステム要素を参照するポインタ）、モジュール（DLLファイルなど）が確認できます。

- [メモリ] タブ

 実行中のプロセスによるメモリの利用状況がグラフィカルに表示されます。プロセスを右クリックして [待機チェーンの分析] を選択すると、アプリケーションの待機プロセスを個別に終了できます。

図4　リソースモニターの [ネットワーク] タブと [メモリ] タブ

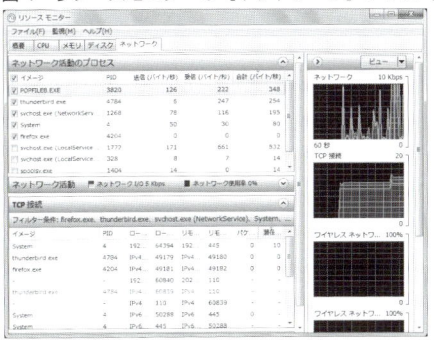

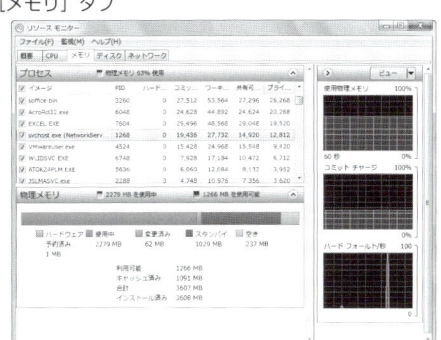

各アプリケーションの送信または受信のバイト数、ポート、IPアドレスなど詳細な情報を確認できる

プログラムごとのメモリの使用量が一覧表示で詳細に確認できる

Point

- タスクマネージャーはWindowsの内部プロセスを監視する
- リソースモニターはCPU、メモリ、HDDなどを監視する
- アプリケーションが反応しなくなったときにはこれらのツールで強制終了できる

Index

■数字
1000BASE-T	23, 194
100BASE-TX	23
10BASE-2	22, 24
10BASE-5	22, 24

■A～H
Administrator	176
ADSL	53
AES	103, 104
ASIC	125
Atom	164
bps	27
C/S方式	21
CAD	78
CATV	54
CIDR	49
CRC	210
DDoS	169
DHCP	90, 91
DNS	48, 49
DNSキャッシュサーバ	170
DXF	79
EC2	154
ESS-ID	37
Facebook	158
FDDI	24, 25
FIFO	149, 151
FTP	141, 142
FTTH	55
Google App Engine	152
Google Apps	152
HaaS	154
HTTP	11
HTTPS	177, 179

■I～O
IaaS	154
IDS	180
IEEE	34
IMAP	56, 57, 58
IP	12, 47
IPv6	50
IPアドレス	47, 48
IPプロトコル	13, 50
IPマスカレード	50
ISO	18
ISO 9000	144
ISP	15, 16
L2F	43, 44
L2TP	43, 44
L3スイッチ	124
LAN	11, 14
LANアダプタ	156
LinkedIn	158
MACアドレス	29, 30
MACアドレスフィルタリング	37
MIMO	34, 35
mixi	158
MUA	57
NAS	38, 40
NetBIOS	207
OP25B	213
OSI	18

■P～X
P2P	20
PaaS	153
PDCAサイクル	172
PIN番号	173
PLC	68
PoE	196
POP	56, 57, 58
POP before SMTP	214
PPTP	43, 44
RAID	39, 40
RDF	163
RIR	47
RSS	161
SaaS	146, 147
Samba	75
SMB	141
SMTP	57, 58
SNS	159
SQL	168
SSID	102, 103
SSL	44
TCP	12, 13, 46, 47
TCP/IPモデル	19
TKIP	103, 104
UDP	46, 47
UPS	76, 77
User unknown	212
UTP	29
VLAN	112, 113
VNC	85
VPN	43, 44, 120, 121
WAN	11, 42
WEP	37, 103
Wi-Fi	36
WiMAX	53

Windows Azure ……………………………… 153
Windows Update ……………………………… 187
WOW64 ……………………………… 74
WPA ……………………………… 37, 103
xDSL ……………………………… 54

■あ
アウトソーシング ……………………………… 188
イーサネット ……………………………… 12
インターネット ……………………………… 11
イントラネット ……………………………… 11
エクストラネット ……………………………… 11
エクスプローラー ……………………………… 135

■か
仮想化 ……………………………… 193
完全修飾ドメイン名 ……………………………… 208
ガンブラー ……………………………… 168
キャッシュ ……………………………… 136
クライアント ……………………………… 14, 15
クライアント／サーバ型 ……………… 20, 21, 106
クラウド ……………………………… 152
グループウェア ……………………………… 144
ゲートウェイ ……………………………… 204
広域イーサネット ……………………………… 42, 43
コネクタ ……………………………… 68, 69

■さ
サーバ ……………………………… 14
サブネットマスク ……………………………… 49
実効速度 ……………………………… 33
情報セキュリティポリシー ……………………………… 172
情報セキュリティマネジメントシステム (ISMS) … 66, 67
シンクライアント ……………………………… 91, 92
スター型 ……………………………… 22
ステートフルインスペクション ……………………………… 71, 72
スナップショット ……………………………… 192, 193
世代管理 ……………………………… 190
全二重方式 ……………………………… 194

■た
チャンネルボンディング ……………………………… 34, 36
ツイストペアケーブル ……………………………… 12
ツリー型 ……………………………… 22
同軸ケーブル ……………………………… 12
トークンリング ……………………………… 23, 25
トポロジ ……………………………… 24, 25
ドメイン名 ……………………………… 48
トラックバック ……………………………… 160

■な
ナローバンド ……………………………… 52
ネットワークOS ……………………………… 31
ネットワークインタフェース ……………… 26, 29

ネットワークプロトコルアナライザ ……… 195
ノード ……………………………… 20, 23

■は
パケット ……………………………… 28
バス型 ……………………………… 22
バックアップ ……………………………… 190
パッチ情報 ……………………………… 186
ハブ ……………………………… 22, 26, 27, 73
パラレルポート ……………………………… 148
ハングアップ ……………………………… 202
半二重方式 ……………………………… 194
ピア・ツー・ピア型 ……………………………… 20, 96
光ファイバケーブル ……………………………… 12
ファームウェア ……………………………… 96, 97
フィルタリング ……………………………… 70, 71
フォールトトレラント ……………………………… 191, 192
プライバシーマーク ……………………………… 72
ブラウズリスト ……………………………… 206, 207
プラグイン ……………………………… 215
ブラックリスト方式 ……………………………… 178, 179
フリーメール ……………………………… 58
プリンタサーバ ……………………………… 39
ブロードキャストストーム ……………………………… 124
ブロードバンドルータ ……………… 21, 24, 30
プロキシ ……………………………… 157, 158
プロトコル ……………………………… 10, 12
ポータルサイト ……………………………… 130, 158
ボット ……………………………… 169
ホットスポット ……………………………… 32
ホットスワップ ……………………………… 40, 41
ホワイトリスト方式 ……………………………… 178, 179

■ま
無線LAN ……………………………… 12, 32, 196
無停電電源装置 ……………………………… 76, 77
メッシュ型 ……………………………… 22

■や
ユーザアカウント ……………………………… 176
有線LAN ……………………………… 26, 194
ユニキャスト ……………………………… 220
より対線 ……………………………… 12

■ら
リモートデスクトップ ……………………………… 84, 85
リング型 ……………………………… 22
ルータ ……………………………… 30
レジストリ ……………………………… 198, 199
ローカルグループポリシー ……………………………… 126

■わ
ワークフロー ……………………………… 145
ワンストップサービス ……………………………… 188

お問い合わせについて

本書に関するご質問については、本書に記載されている内容に関するもののみとさせていただきます。本書の内容と関係のないご質問につきましては、一切お答えできませんので、あらかじめご了承ください。また、電話でのご質問は受け付けておりませんので、必ずFAXか書面にて下記までお送りください。
なお、ご質問の際には、必ず以下の項目を明記していただきますようお願いいたします。

1. お名前
2. 返信先の住所またはFAX番号
3. 書名
   （新米IT担当者のための　ネットワーク構築＆管理がしっかりわかる本）
4. 本書の該当ページ
5. ご質問のOSとブラウザのバージョン
6. ご質問内容

お送りいただいたご質問には、できる限り迅速にお答えするよう努力いたしておりますが、場合によってはお答えするまでに時間がかかることがあります。また、回答の期日をご指定なさっても、ご希望にお応えできるとは限りません。あらかじめご了承くださいますよう、お願いいたします。ご質問の際に記載いただいた個人情報は、ご質問の返答以外の目的には使用いたしません。また、返答後はすみやかに破棄させていただきます。

問い合わせ先

■〒162-0846
東京都新宿区市谷左内町21-13
株式会社技術評論社　書籍編集部
「新米IT担当者のための　ネットワーク構築＆管理がしっかりわかる本」質問係
FAX番号　03-3513-6167

URL：http://book.gihyo.jp

著者略歴

程田和義（ほどた　かずよし）
大学卒業後、情報機器メーカーの技術営業を経て、米国ビジネススクール（短期コース）で学び、ドイツ、フィンランドのソフト会社日本法人設立に参加。製造業向け業務システム構築などを中心に、近年はオープンソースソフトウェアを活用したインターネット事業にも取り組む。現在、Gennai3株式会社代表取締役を勤めるほか、NPO福祉支援ゆうやけネット理事長として、自治体と協力し福祉分野の情報化を支援している。

■お問い合わせの例

```
              FAX

1  お名前
   技評　太郎

2  返信先の住所またはFAX番号
   03－XXXX－XXXX

3  書名
   新米IT担当者のための
   ネットワーク構築＆管理が
   しっかりわかる本

4  本書の該当ページ
   135ページ

5  ご使用のOSとブラウザのバージョン
   Windows 7 HomePremium
   Internet Explorer 9

6  ご質問内容
   手順2の②ができない
```

しんまいアイティたんとうしゃ
新米ＩＴ担当者のための
こうちくアンドかんり　　　　　　　　　　　　　ほん
ネットワーク構築＆管理がしっかりわかる本
2011年10月25日　初版　第1刷発行
2015年 4 月10日　初版　第4刷発行

　　　　ほどた　かずよし
著者●程田和義
発行者●片岡　巌
発行所●株式会社　技術評論社
　　　　東京都新宿区市谷左内町21-13
　　　　電話　03-3513-6150　販売促進部
　　　　　　　03-3513-6160　書籍編集部

カバーデザイン●田邉　絵里香
本文デザイン●有限会社サンクリエイティブ
編集／DTP●株式会社エディポック
執筆協力●センス・アンド・フォース／吉田　力
編集協力●坂井　直美
担当●今村　恵
製本／印刷●株式会社加藤文明社

定価はカバーに表示してあります。

落丁・乱丁がございましたら、弊社販売促進部までお送りください。交換いたします。
本書の一部または全部を著作権法の定める範囲を超え、無断で複写、複製、転載、テープ化、ファイルに落とすことを禁じます。
©2011　程田和義

ISBN978-4-7741-4794-9　C3055
Printed in Japan